数学基礎コース＝C4

基本 微分方程式

坂田 洸　監修
曽布川 拓也・伊代野 淳　共著

サイエンス社

サイエンス社のホームページのご案内
http://www.saiensu.co.jp
ご意見・ご要望は　rikei@saiensu.co.jp　まで.

まえがき

　理工系の大学2年次及び高専の中高学年で学ぶ「微分方程式」のテキスト・参考書として

　寺田文行・坂田 泩・斎藤偵四郎「演習 微分方程式」（サイエンス社）
そしてこれを最近の実状に合わせて書き直した
寺田文行・坂田 泩・曽布川拓也「演習と応用 微分方程式」（サイエンス社）
という，講義用に，自習用に広く使われてきた演習書があります．

　この科目は微分方程式を「解く」ことが最大の目的ですから，こうした演習書は大切です．しかし微分方程式の解法は一つ一つが複雑です．覚えようと思ってもなかなか大変で，期末試験や，後に専門的な内容を学ぶときに困る人も少なくないようです．

　こんな人たちのために，我々は本書を書くことにしました．その基本方針は

　　「解法を覚える/使えるようにする」ために理論を学び，例を知る

です．複雑な解法も，その多くは単純な事柄の組み立てになっています．単純な事柄を覚え，それをうまく組み合わせていくことを学べば，学習の負担はずいぶん違ったものになるでしょう．また応用する例がわかっていれば，理工学の各分野と関連づけて覚えることも可能になります．

　このため，理論の解説が詳しすぎる部分や，少し難しい内容があるかもしれませんが，丁寧に取り組めば意外に扱いやすいものだろうと思います．

　このテキストにより，皆さんにとって「微分方程式の解法」が「覚えやすく，忘れにくい」ものになることを祈っております．

　最後に，なかなか仕事の進まない私たちを叱咤激励し，作成に際して終始ご尽力いただいた編集部の田島伸彦氏と渡辺はるか女史に深く感謝致します．

2004年9月

　　　　　　　　　　　　　　　監修者　坂田 泩
　　　　　　　　　　　　　　　共著者　曽布川 拓也・伊代野 淳

本書の使い方

このため，本書は原則として見開き2ページを1つの単元と見て

- 左ページに理論・解法，右ページに例題および演習問題
- 左右2ページに1つまたは2つの応用例

という形式を取っています．皆さんはまずはその見開き2ページの内容をじっくり味わってください．その上で演習問題に挑戦してみましょう．面倒なものも少しありますが，必ず解けるはずです．

紙面の都合もありますので，演習問題について本書の中で解き方を詳しく解説することはできませんが，その多くは

寺田文行・坂田 㟁・斎藤偵四郎「演習 微分方程式」（サイエンス社）
寺田文行・坂田 㟁・曽布川拓也「演習と応用 微分方程式」（サイエンス社）

などに述べられています．どうしても解き方がわからない人はそちらを参照してみるといいでしょう．

本文および脚注に「演習 微分方程式」「演習と応用 微分方程式」とあれば，それはこれらの本を指します．

目次

第1章 微分方程式の基礎概念　1
- **1.1** 微分方程式とその解　2
- **1.2** 解の分類と条件　4
- **1.3** 曲線群と微分方程式　6
- **1.4** 全微分について　8

第2章 1階常微分方程式　9
- **2.1** 変数分離形とその応用　10
  - **2.1.1** 変数分離形　10
  - **2.1.2** 同次形　12
  - **2.1.3** 一次分数変換形　14
- **2.2** 1階線形微分方程式　16
  - **2.2.1** 一般の場合　16
  - **2.2.2** 特殊解がわかっている場合　18
- **2.3** ベルヌーイの微分方程式とその発展形　20
  - **2.3.1** ベルヌーイの微分方程式　20
  - **2.3.2** 広義のリッカティの微分方程式　22
  - **2.3.3** 狭義のリッカティの微分方程式　26
- **2.4** その他の発展形　28
  - **2.4.1** y' について解ける形　28
  - **2.4.2** x または y について解ける形　30
  - **2.4.3** クレローの微分方程式　32
  - **2.4.4** ラグランジュの微分方程式　34
- **2.5** 完全微分方程式　36
  - **2.5.1** ポテンシャル関数　36
  - **2.5.2** 積分因子　38

		2.5.3 完全微分方程式の解法	40
	2.6	幾何学的な応用	42
		2.6.1 接線・法線	42
		2.6.2 極座標系	44
		2.6.3 等交曲線の方程式	46
	演習問題		48

第3章　高階常微分方程式　　49

	3.1	$x, y, y', \ldots, y^{(n)}$ の一部を含まない場合	50
	3.2	同次形の微分方程式	56
	演習問題		60

第4章　高階線形微分方程式　　61

	4.1	線形性	62
		4.1.1 関数の一次独立性	62
		4.1.2 線形微分方程式	64
	4.2	定数係数線形微分方程式	66
		4.2.1 同次形	66
		4.2.2 微分演算子	70
		4.2.3 非同次形——記号的解法——	74
	4.3	2階線形微分方程式	76
		4.3.1 対応する同次方程式の解が1つわかっている場合	76
		4.3.2 対応する同次方程式の解が2つわかっている場合	78
	演習問題		80

第5章　整級数による解法　　81

	5.1	整級数による解法	82
		5.1.1 正則点における整級数解	82
		5.1.2 確定特異点における整級数解	84
	5.2	ルジャンドルの微分方程式	88

目次   v

5.3 ベッセルの微分方程式 90
演習問題 92

第6章 全微分方程式   93

6.1 全微分方程式 94
    6.1.1 積分可能性 94
    6.1.2 全微分方程式の解法 96
    6.1.3 正規形 98
6.2 連立全微分方程式 100
演習問題 102

第7章 偏微分方程式   103

7.1 1階偏微分方程式 104
    7.1.1 偏微分方程式の解の種類 104
    7.1.2 1階偏微分方程式の標準形 106
    7.1.3 変数分離形 112
    7.1.4 クレロー型の偏微分方程式 114
    7.1.5 ラグランジュの偏微分方程式 116
7.2 2階偏微分方程式 118
    7.2.1 2階線形偏微分方程式 118
    7.2.2 定数係数高階線形偏微分方程式 122
演習問題 124

第8章 フーリエ解析とその応用   125

8.1 フーリエ解析 126
    8.1.1 フーリエ級数 126
    8.1.2 フーリエ積分 128
8.2 偏微分方程式の境界値問題 130
    8.2.1 変数分離法 130
    8.2.2 双曲型偏微分方程式 132

	8.2.3	放物型偏微分方程式	138
	8.2.4	楕円型偏微分方程式	142
演習問題			144

第9章 ラプラス変換とその応用　　145

9.1	ラプラス変換	146
9.2	常微分方程式と物理的な問題への応用	150
	9.2.1 常微分方程式の解法	150
	9.2.2 力学への応用	152
	9.2.3 電気回路への応用	156
9.3	偏微分方程式と物理的な問題への応用	160
	9.3.1 熱伝導方程式の問題	160
	9.3.2 拡散・対流の問題	162
	9.3.3 波動方程式	164
演習問題		166

問題解答　　168

索　引　　182

第 1 章
微分方程式の基礎概念

本章の目的　例えば物体の運動を考えるとき，その速度が常に一定 v であればその位置の座標（出発点からの距離）x は時刻（基準時刻からの経過時間）を t とすれば $x = vt$ と表すことができる．しかし一般にこのようなことはまず考えられず，時間がたつに連れて速度は変わる．つまり速度 v は t の関数として表され，このときには

$$v(t) = \frac{dx}{dt}$$

という関係が成り立つ．ここで何らかの形で v がわかっているとしたときに物体の位置を求めよう，という問題が起きる．

　物体の運動についての研究から，例えば飛行機が安全に飛び上がるためのエンジンの出力の設計，高速鉄道に用いる車両にはどのような形が適しているかなど多くのことがわかる．

　現代社会の繁栄には，科学技術がその隅々にまで影響を及ぼしている．その科学技術はこの微分方程式によって支えられているといっても過言ではない．

　この章では微分方程式とはどういうものかについて，その基本を知ろう．

1.1 微分方程式とその解

独立変数 x の関数 $y = y(x)$ について，x，y およびその導関数 $\dfrac{dy}{dx}$，$\dfrac{d^2y}{dx^2}, \cdots, \dfrac{d^ny}{dx^n}$ に関して

$$F\left(x, y, \frac{dy}{dx}, \frac{d^2y}{dx^2}, \cdots, \frac{d^ny}{dx^n}\right) = 0 \tag{1.1}$$

という関係式が与えられているとき，この関係式を**微分方程式**という．微分方程式に含まれている導関数の階数のうちもっとも高い階数を，その**微分方程式の階数**，微分方程式 (1.1) を常に満たす関数 $y = y(x)$ をこの**微分方程式の解**†，解を求めることを**微分方程式を解く**という．言い換えれば，微分方程式の解とは，その微分方程式に代入して成り立つような関数 $y = y(x)$ のことである．

2つ以上の独立変数とその関数，およびその偏導関数に関して (1.1) と同じような関係式が与えられているとき，この関係式を**偏微分方程式**という．**偏微分方程式の階数**，偏微分方程式の解も同様に定義される．

この偏微分方程式に対して (1.1) のような微分方程式を**常微分方程式**とよぶ．

● **数学的なポイント** ●────────────────

「関数 $y = f(x)$」とは x の値を決めるとそれに対してある特別なルール f によって y の値が決まる，という状況である．ここで x や y ははっきり決まった数ではなく色々と変わる．このようなものを**変数**という．関数において，このように最初に（勝手に）決める変数 x を**独立変数**，それに対応して（従属して）決まる変数 y を**従属変数**，そのルール f を**関数**とよぶ．

この場合，変数 y は変数 x に従属して決まるので，それをはっきりさせるために $y(x)$ と表したり，また記号を省略するために $y = y(x)$ という表記を用いたりする．

───────────────────
† これに対して $x^2 - 4x + 3 = 0$ のような方程式を特に代数方程式とよぶことがある．代数方程式を満たす数のことを本書では根（こん）とよぶ．

例題 1.1 ──────────── 微分方程式の解 ──

関係式 $32x^3 + 27y^4 = 0$ は，微分方程式

$$y = 2x\frac{dy}{dx} + y^2 \left(\frac{dy}{dx}\right)^3 \tag{a}$$

の解であることを示しなさい．

[解答] $32x^3 + 27y^4 = 0$ の両辺を x で微分すると

$$96x^2 + 108y^3 \frac{dy}{dx} = 0 \quad \text{すなわち} \quad \frac{dy}{dx} = -\frac{96x^2}{108y^3} = -\frac{8x^2}{9y^3} \tag{b}$$

が得られる．また $32x^3 + 27y^4 = 0$ であるから $x^3 = -\dfrac{3^3}{2^5}y^4$ である．これらを (a) 右辺に代入すると

$$\begin{aligned}
\text{右辺} &= 2x\frac{dy}{dx} + y^2 \left(\frac{dy}{dx}\right)^3 \\
&= 2x\left(-\frac{8x^2}{9y^3}\right) + y^2 \left(-\frac{8x^2}{9y^3}\right)^3 \\
&= -\frac{2^4}{3^2}\frac{x^3}{y^3} - \frac{2^9}{3^6}\frac{x^6}{y^7} = \frac{3}{2}y - \frac{1}{2}y = y \ (=\text{左辺})
\end{aligned}$$

となって，(a) が成り立つので，$32x^3 + 27y^4 = 0$ が解になることがわかる．

● **数学的なポイント** ●

ここで「解」とよんだ関係式は $y = f(x)$ の形（関数の形）になっていない．しかし，この式から導かれる陰関数（のうち微分可能なもの）は (b) を満たすので上の計算から (a) を満たすことがわかる．すなわちその陰関数が (a) の解であることがわかる．一般にこのようなとき，単に「$32x^3 + 27y^4 = 0$ は微分方程式 (a) の解である」という．

問題

1.1 次のそれぞれは上の微分方程式 (a) の解であることを示しなさい．

(1) $y = \sqrt{2x+1}$　　(2) $x - y^2 + \dfrac{1}{8} = 0$

1.2 解の分類と条件

常微分方程式

$$\frac{d^2y}{dx^2} - 2\frac{dy}{dx} - 3y = 0 \tag{1.2}$$

において，任意の実数 C_1, C_2 に対して，$y = C_1 e^{-x} + C_2 e^{3x}$ はその解となる．このように微分方程式の解は，**任意定数**を含むものがある．一般に

n 階の常微分方程式には n 個の任意定数を持つ解が存在する

ことが知られている．その解のことを**一般解**とよぶ．一般解の n 個の任意定数に適当な値を代入することによって得られる解を**特殊解**という．例えば $y = e^{-x} + 4e^{3x}$ は (1.2) の特殊解である．

ところで常微分方程式

$$\left(\frac{dy}{dx}\right)^2 + y^2 = 1 \tag{1.3}$$

を考えよう．この微分方程式の一般解は $y = \sin(x+C)$（C は任意定数）である．一方，$y = 1$（恒等的に 1 の関数）も (1.3) の解であるが，一般解の任意定数をどうとってもこの解は得られない．このような解を**特異解**とよぶ．

n 階の微分方程式に対し，その一般解は $F(x, y, C_0, C_1, \ldots, C_{n-1}) = 0$ と与えられる．ここで実数 $x_0, y_0, y_1, \ldots, y_{n-1}$ に対して

$$x = x_0 \text{ のとき } y = y_0, y' = y_1, y'' = y_2, \ldots, y^{(n-1)} = y_{n-1} \tag{1.4}$$

となるように任意定数 $C_0, C_1, \ldots, C_{n-1}$ を決められるとき，この特殊解を，**初期条件**[†](1.4) に対する（特殊）解という．

また 2 階微分方程式の一般解が $F(x, y, C_1, C_2) = 0$ と得られているとき

$$x = x_0 \text{ のとき } y = y_0, \quad x = x_1 \text{ のとき } y = y_1 \tag{1.5}$$

となるように任意定数 C_1, C_2 が決められるとき，この特殊解を，**境界条件** (1.5) に対する（特殊）解という．

[†] 「初期」「境界」という表現は実は数学的なものではなく，物理的なイメージからきたものである．

―― 例題 1.2 ―――――――――――― 一般解・初期条件・境界条件 ――

微分方程式 (1.2) の一般解は $y = C_1 e^{-x} + C_2 e^{3x}$ であることを示しなさい．そして
(1) 初期条件 $x=0$ のとき $y=1, y'=3$
(2) 境界条件 $x=0$ のとき $y=1, x=1$ のとき $y = \dfrac{1}{e}$
のそれぞれの下でこの微分方程式を解きなさい．

[解 答] 一般解であることはすぐに確かめられるだろう．

(1) 一般解において
$$y' = -C_1 e^{-x} + 3C_2 e^{3x}$$
なので，これと (1.2) の一般解に初期条件を代入すると
$$C_1 + C_2 = 1$$
$$-C_1 + 3C_2 = 3$$
よって $C_1 = 0, C_2 = 1$ を得る．したがって $y = e^{3x}$ が求める特殊解である．

(2) 同様にして一般解に境界条件を代入すると
$$C_1 + C_2 = 1$$
$$\frac{C_1}{e} + C_2 e^3 = \frac{1}{e}$$
よって $C_1 = 1, C_2 = 0$ を得る．したがって $y = e^{-x}$ が求める特殊解である．

≈≈ 問 題 ≈≈≈≈≈≈≈≈≈≈≈≈≈≈≈≈≈≈≈≈≈≈

2.1 微分方程式 $2xy' - y = 0$ の一般解は $y^2 = Cx$（C は任意定数）であることを確かめなさい．そしてこの微分方程式を初期条件「$x=1$ のとき $y=4$」の下で解きなさい．

2.2 微分方程式 $y'' + y' = 0$ の一般解は $y = C_1 + C_2 e^{-x}$ であることを確かめなさい．そしてこの微分方程式を境界条件「$x=1$ のとき $y=2$, $x=-1$ のとき $y=1+e$」の下で解きなさい．

1.3　曲線群と微分方程式

微分方程式の解の関数が表すグラフを，その微分方程式の**積分曲線**または**解曲線**という．例として

$$\frac{dy}{dx} = 2x \tag{1.6}$$

を考えよう．これを解くことは容易で，一般解は

$$y = x^2 + C \quad (C \text{ は任意定数}) \tag{1.7}$$

である．すなわちこの微分方程式の解曲線は $y = x^2$ と合同で y 軸を対称軸とした放物線である．この例でもわかるとおり，任意定数があることから積分曲線はただ 1 つには定まらず，曲線の集まり (**曲線群**) が得られる．

一般に 1 つの任意定数 c を含む方程式 $F(x, y, c) = 0$ は 1 つの曲線群を表す．この両辺を x で微分して得られる方程式ともとの方程式から任意定数を消去して得られる微分方程式

$$f(x, y, y') = 0$$

は曲線群 $F(x, y, c) = 0$ の微分方程式とよばれる．

2 つ以上の独立変数がある場合，例えば 3 変数 x, y, z の関係式が $F(x, y, z, c_1, c_2) = 0$ と与えられているとき（この場合は**曲面群**を表す），この両辺を x, y で偏微分して任意定数 c_1, c_2 を消去することによって偏微分方程式 $f(x, y, z, z_x, z_y) = 0$ を得ることができる．

さらに一般に n 個の任意定数を含む方程式 $F(x, y, c_1, c_2, \ldots, c_n) = 0$ の両辺を x で n 回微分して得られる n 個の方程式ともとの方程式から任意定数を消去すれば，曲線群 $F(x, y, c_1, c_2, \ldots, c_n) = 0$ の微分方程式として n 階の微分方程式

$$f(x, y, y', y'', \ldots, y^{(n)}) = 0$$

が得られる．

1.3 曲線群と微分方程式

―― 例題 1.3 ―――――――――――――――― 曲線群の微分方程式 ――

曲線群
$$x^2 + y^2 - 2cx = 0 \quad (c \in \boldsymbol{R}) \tag{a}$$
を図示しなさい．そしてその曲線群の微分方程式を求めなさい．

[解答] $x^2 + y^2 - 2cx = 0$ を変形すると
$$(x-c)^2 + y^2 = c^2$$
となるので，この曲線群は x 軸上に中心 $(c, 0)$，半径が $|c|$，すなわち y 軸と接する円全体であることがわかる．

(a) の両辺を x で微分すると
$$2x + 2y\frac{dy}{dx} - 2c = 0 \tag{b}$$
を得る．これらから任意定数 c を消去して得られる
$$x^2 + 2xy\frac{dy}{dx} - y^2 = 0$$
が求める微分方程式である．

図 1.1　$y = x^2 + C$

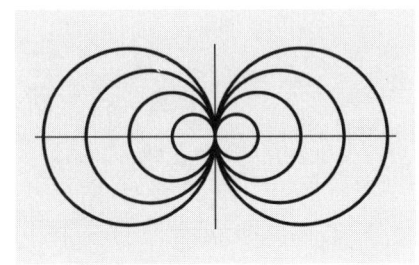

図 1.2　$x^2 + y^2 - 2cx = 0$

～～　問　題　～～～～～～～～～～～～～～～～～～～～～～～～～～

3.1 曲線群 $y^2 = 4c(x+c)$ を図示し，その曲線群の微分方程式を作りなさい．

1.4 全微分について

微分方程式を考える上で**全微分**の概念は重要である．微分積分学で学んでいる内容であるが，その取扱いについてここで復習しておこう．

3つの独立変数 x, y, z の2階偏微分可能な関数 $u = U(x, y, z)$ を考えることにする[†]．変数 x が x から Δx だけ増加，y が y から Δy，z が z から Δz だけ増加したとき u が $U(x, y, z)$ から Δu だけ増加したとする[††]．U は (x, y, z) において**全微分可能**であるとき

$$\Delta u = U(x + \Delta x, y + \Delta y, z + \Delta z) - U(x, y, z) \tag{1.8}$$

$$= \frac{\partial u}{\partial x}\Delta x + \frac{\partial u}{\partial y}\Delta y + \frac{\partial u}{\partial z}\Delta z + R(\Delta x, \Delta y, \Delta z) \tag{1.9}$$

となる．ただし R は

$$\lim_{\sqrt{\Delta x^2 + \Delta y^2 + \Delta z^2} \to 0} \frac{R(\Delta x, \Delta y, \Delta z)}{\sqrt{\Delta x^2 + \Delta y^2 + \Delta z^2}} = 0$$

を満たす関数である．このとき単に

$$du = \frac{\partial u}{\partial x}dx + \frac{\partial u}{\partial y}dy + \frac{\partial u}{\partial z}dz \tag{1.10}$$

と表す．このことから派生して

$$\frac{dx}{P(x, y, z)} = \frac{dy}{Q(x, y, z)} \tag{1.11}$$

などという表現をよく用いるが，これは

$$\frac{\Delta x}{P(x, y)} = \frac{\Delta y}{Q(x, y)} + R(\Delta x, \Delta y) \tag{1.12}$$

であると見ればよい．ただし，$R(\Delta x, \Delta y)$ は $\sqrt{\Delta x^2 + \Delta y^2}$ が小さくなるときに"都合よく"0に収束するような関数である．

[†] 2変数の場合も全く同様である．

[††] ここでは「増加」という言い方をしているが，例えば $\Delta x > 0$ とは限らない．

第 2 章

1階常微分方程式

本章の目的 この章では1階の常微分方程式の解法について述べる．一般に
$$\frac{dy}{dx} = f(x) \quad (\text{右辺が } x \text{ のみの関数})$$
という形の微分方程式は両辺を積分することによって
$$y = \int f(x)dx$$
と解を求める（解く）ことができる．もちろん，右辺の積分が具体的に知っている関数で表せない場合も多いであろうが，原理的には解くことができる．これが一番単純な微分方程式の解法である．もちろん，実際に直面する問題はこのように単純なものだけではないが，与えられた微分方程式を

「解法がわかっている形に変形して（帰着させて）解く」

というのが，数学を考える上で基本的な姿勢である．

具体的に解く方法が知られている1階の常微分方程式の多くは，最終的には「変数分離形」といわれる形に帰着して解かれる．微分方程式の解法と共に，こうした数学的な姿勢を身につけよう．

2.1 変数分離形とその応用

2.1.1 変数分離形

> **基本形 2.1** (変数分離形)
> $$\frac{dy}{dx} = f(x)g(y) \tag{2.1}$$

[方針] $g(y) \neq 0$ ならば,両辺を $g(y)$ で割ると

$$\frac{1}{g(y)}\frac{dy}{dx} = f(x) \tag{2.2}$$

となる.一般解はこの両辺を x で積分,変数変換の公式を用いて

$$\int \frac{1}{g(y)}\frac{dy}{dx}dx = \int \frac{1}{g(y)}dy$$
$$= \int f(x) + C \quad (C \text{ は積分定数}) \tag{2.3}$$

と求められる[†].

$g(y) = 0$ の場合は,これを y の方程式とみて y について解いた解が $y = c$ であるときに,定数関数 $y = c$ がこの微分方程式の解になる.

● **数学的なポイント** ●────────────

基本形 2.1 について

<u>y のみに関係するものを左辺へ,x のみに関係するものを右辺へ</u>

それぞれ集めて (x と y を分離して) 両辺を x で積分すると,左辺の積分が y の積分に変わることから x と y の関係式,すなわちこの方程式の解が求まることになる.これが**変数分離形**の意味である.

[†] 形式的に (2.2) の両辺に "dx をかけて" $\dfrac{1}{g(y)}dy = f(x)dx$ という "式" を考え,その両辺を積分する,という形で解いてもよい.

2.1 変数分離形とその応用

例題 2.1 ――――――――――――――――――――――― 変数分離形 ――

次の微分方程式を解きなさい．
$$\frac{dy}{dx} = 2x(y^2 + y) \tag{a}$$

[解 答] 両辺を $y^2 + y$ で割れば $\dfrac{1}{y^2+y}\dfrac{dy}{dx} = 2x$ となる．左辺を部分分数分解し，両辺を x で積分すると $\log\left|\dfrac{y}{y+1}\right| = x^2 + C_0$（$C_0$ は積分定数）となることから，改めて $C = \pm e^{C_0}$ とおくことによって

$$\frac{y}{y+1} = Ce^{x^2} \quad \text{すなわち} \quad y = \frac{Ce^{x^2}}{1 - Ce^{x^2}} \quad (C \text{ は } 0 \text{ でない定数})$$

と一般解を得る．

ところで，ここでは (a) の両辺を $y^2 + y$ で割っている．ある特定の x に対して $y^2 + y = 0$（$y = 0$ または $y = -1$）となることは無視してしまうとしても，y が定数関数 $y = 0, y = -1$ であるという可能性は否定できない．

そこで $y = 0, y = -1$ という定数関数が微分方程式 (a) の解になるかを調べる必要がある．ところが実際に代入してみると，(a) が成り立つ，すなわちこれらの定数関数は (a) の解であることがわかる．ここで $y = 0$ は一般解において $C = 0$ とおいて得られる特殊解となるので，一般解の C の条件をなくせばよい．$y = -1$ は一般解からは得られない[†]**特異解**である．

――*~*~ 問　題 ~*~――

1.1 次の微分方程式を解きなさい．

(1) $y' = \dfrac{\sin x}{\cos y}$ 　　(2) $y' = y^2 - y$

(3) $y + 2xy' = 0$ 　　(4) $(1 + x^2)y' = 1 + y^2$

(5) $xy' + \sqrt{1 + y^2} = 0$

[†] 実は一般解の $C \to \infty$ の場合に相当する．

2.1.2 同次形

> **基本形 2.2** (同次形)
> $$\frac{dy}{dx} = f\left(\frac{y}{x}\right) \tag{2.4}$$

[方針] 変数 u を $u = \dfrac{y}{x}$ と定め，$y = ux$ を代入することを考える．積の微分公式から

$$\frac{dy}{dx} = u\frac{dx}{dx} + \frac{du}{dx}x = u + x\frac{du}{dx}$$

である．これを用いると (2.4) は

$$u + x\frac{du}{dx} = f(u)$$

さらに変形して

$$\frac{du}{dx} = \frac{f(u) - u}{x} \tag{2.5}$$

となることから変数分離形（基本形 2.1）になることがわかる．したがって (2.4) の一般解は $\log|x| + C_1$ （$y = ux$, C_1 は積分定数），さらに変形して

$$x = C_2 \exp\left(\int \frac{du}{f(u) - u}\right) \quad (y = ux, C_2 = e^{-C_1}) \tag{2.6}$$

と求められる．

● **数学的なポイント** ●────────────

(2.4) の両辺は "y 割る x" の関数の形になっている．もし $y = ux$（u は定数）であったら "約分" できるのではないだろうか．これを試しに (2.4) に代入してみると

$$\frac{dy}{dx} = u = f(u) \tag{2.7}$$

となって，変数 u の方程式となる．これを解いて $u = \lambda$ と求まったとき，$y = \lambda x$ は (2.4) の 1 つの特殊解になることがわかる．

一般には u は定数ではない．そこでこの u を変数として扱ったのが上の方法である．この考えを進めた方法（**定数変化法**）がこのあとよく用いられる．

―― 例題 2.2 ―――――――――――――――――――――――――― 同次形 ――

次の微分方程式を解きなさい.
(1) $\quad x\tan\dfrac{y}{x} - y + x\dfrac{dy}{dx} = 0 \qquad$ (2) $\quad -x^2 + y^2 = 2xy\dfrac{dy}{dx}$

[解 答] (1) これは同次形なので $y = ux$ を代入すると

$$x\tan u - xu + x(xu' + u) = 0 \quad \text{すなわち} \quad \tan u + x\dfrac{du}{dx} = 0$$

を得る.これを $\dfrac{\cos u}{\sin u}\dfrac{du}{dx} + \dfrac{1}{x} = 0$ と変形し,両辺を x で積分して

$$\int \dfrac{\cos u}{\sin u}du + \int \dfrac{dx}{x} = \log|\sin u| + \log|x| = C_0 \quad (C_0 \text{ は積分定数})$$

すなわち $x\sin\dfrac{y}{x} = C$ (C は定数)と解を得る.

(2) 両辺を x^2 で割ると

$$-1 + \left(\dfrac{y}{x}\right)^2 = 2\dfrac{y}{x}\dfrac{dy}{dx}$$

となって同次形であることがわかる.よって $y = ux$ を代入すると

$$-1 + u^2 = 2u\left(u + x\dfrac{du}{dx}\right) \quad \text{整理して} \quad \dfrac{2u}{1+u^2}\dfrac{du}{dx} + \dfrac{1}{x} = 0$$

となる.両辺を x で積分することによって

$$\log(1 + u^2) + \log x = C_0$$

変形して $x^2 + y^2 = Cx^3$ (C は任意定数)と解を得る.

～～ 問 題 ～～～～～～～～～～～～～～～～～～～～～～～～～～
2.1 次の微分方程式を解きなさい[†].
(1) $\quad xy' = y + \sqrt{x^2 + y^2}$ \qquad (2) $\quad (x^2 + y^2)y' = xy$
(3) $\quad x\cos\dfrac{y}{x}\cdot\dfrac{dy}{dx} = y\cos\dfrac{y}{x} - x$

―――――――――
† (2) 両辺を x^2 で割ってみよう.

2.1.3 一次分数変換形

基本形 2.3 （一次分数変換形）
$$\frac{dy}{dx} = f\left(\frac{ax+by+c}{px+qy+r}\right) \tag{2.8}$$

[方針] この形は適当な変数変換を用いて，変数分離形か同次形に帰着させることができる．

- $aq - bp = 0$ の場合 ● $\dfrac{a}{p} = \dfrac{b}{q} = k$ とおけば

$$\frac{ax+by+c}{px+qy+r} = \frac{k(px+qy)+c}{px+qy+r}$$

となる．ここで $u = px + qy$ とおくと $\dfrac{du}{dx} = p + q\dfrac{dy}{dx}$ であるから，(2.8) は

$$\frac{du}{dx} = p + qf\left(\frac{ku+c}{u+r}\right) \tag{2.9}$$

と変形できる．これは変数分離形（基本形 2.1）である．

- $aq - bp \neq 0$ の場合 ● x と y の連立方程式

$$\begin{cases} ax + by + c = 0 \\ px + qy + r = 0 \end{cases} \tag{2.10}$$

の解が $x = \alpha, y = \beta$ であるならば，$u = x - \alpha, v = y - \beta$ と変数変換すると，(2.8) は

$$\frac{dv}{du} = f\left(\frac{au+bv}{pu+qv}\right) = f\left(\frac{a+b\frac{v}{u}}{p+q\frac{v}{u}}\right) \tag{2.11}$$

と変形できる．これは同次形（基本形 2.2）である．

また直接
$$\xi = ax + by + c, \quad \eta = px + qy + r$$

という変数変換をしても同次形（基本形 2.2）に変形することができる．

2.1 変数分離形とその応用

―― **例題 2.3** ―――――――――――――――――――― 一次分数変換形 ――

次の微分方程式を解きなさい．
(1)　$(x+y+1)+(2x+2y-1)y'=0$
(2)　$(2x-y+1)-(x-2y+1)y'=0$

[**解　答**]　(1)　これは左ページの $aq-bp=0$ の場合に相当する．そこで，$x+y=u$ とおくと $1+\dfrac{dy}{dx}=\dfrac{du}{dx}$ であるから，これを代入することによって，微分方程式 $(2u-1)\dfrac{du}{dx}-(u-2)=0$ を得る．これは変数分離形になるのでこれを解くと

$$\int \frac{2u-1}{u-2}du - \int dx = 2u + 2\log|u-2| - x = C_0 \quad (C_0 \text{は積分定数})$$

となる．$u=x+y$ を代入して $x+y-2 = C\exp\left(-\dfrac{x+2y}{3}\right)$ （C は任意定数）と解を得る．

(2)　これは左ページの $aq-bp\neq 0$ の場合に相当する．(2.10) で $a=2$, $b=-1$, $c=1$, $d=-2$ とおいて解くと $x=-\dfrac{1}{3}$, $y=\dfrac{1}{3}$ となるので $x=u-\dfrac{1}{3}$, $y=v+\dfrac{1}{3}$ とおくことによって同次形の微分方程式

$$\frac{dv}{du} = \frac{2u-v}{u-2v} = \frac{2-\frac{v}{u}}{1-2\frac{v}{u}}$$

を得る．$v=tu$ とおいてこれを変形すると

$$\frac{2}{u} + \frac{2t-1}{t^2-t+1}\frac{dt}{du} = 0$$

となるので，この両辺を u で積分，変数変換を元に戻せば $x^2-xy+y^2+x-y=C$ と解を得る．

❦❦　**問　題**　❦❦❦❦❦❦❦❦❦❦❦❦❦❦❦❦❦❦❦❦❦❦❦❦❦❦❦

3.1　次の微分方程式を解きなさい．
(1)　$x+2y-1=(x+2y+1)y'$　　(2)　$2x-y+1=(x-2y+3)y'$

2.2　1階線形微分方程式

2.2.1　一般の場合

基本形 2.4　（1階線形微分方程式）
$$\frac{dy}{dx} + P(x)y = Q(x) \tag{2.12}$$

　y およびその導関数について 1 次式である微分方程式を線形微分方程式という．この場合，(2.12) の右辺（y, y' から見ると定数項）を 0 とおいた次の同次線形微分方程式が重要な役割を持つ．

$$\frac{dy}{dx} + P(x)y = 0 \tag{2.13}$$

[方針]　(2.13) は変数分離形（基本形 2.1）である．したがってその一般解は

$$y = K \exp\left(-\int P(x) dx\right) \quad （K は定数） \tag{2.14}$$

と求まる．ここで K は定数であるが，特に K が定数ではなく x の関数 $K(x)$ であると思うことにして両辺を x で微分してみると

$$\frac{dy}{dx} = \frac{dK(x)}{dx} \exp\left(-\int P(x)\right) - K(x) P(x) \exp\left(-\int P(x) dx\right)$$

となる．これを (2.12) に代入してみると

$$\frac{dK(x)}{dx} \exp\left(-\int P(x) dx\right) = Q(x)$$

となる．この微分方程式を解いた結果，

$$K(x) = \int \left\{ Q(x) \exp\left(\int P(x) dx\right) \right\} dx + C \quad （C は定数）$$

が得られる．ということは (2.14) の定数 K をこの $K(x)$ で置き換えた

$$y = \exp\left(-\int P(x) dx\right) \left(\int \left\{ Q(x) \exp\left(\int P(x) dx\right) \right\} dx + C \right) \quad （C は定数）$$

は (2.12) を満たす，すなわち (2.12) の一般解になる．

2.2　1階線形微分方程式

例題 2.4 ─────────────────── **1階線形微分方程式 (1)**

次の微分方程式を解きなさい．
$$xy' + y = x(1-x^2) \quad\text{(a)}$$

[**解答**]　まずこの微分方程式に対応する同次微分方程式

$$xy' + y = 0 \quad\text{(b)}$$

を考える．これは変数分離形（同次形）なので容易に $y = \dfrac{K}{x}$（K は定数）と解ける．ここでこの任意定数 K を x の関数 $K(x)$ だと思って (a) に代入すると

$$K'(x) = x(1-x^2)$$

となるのでこれを解いて

$$K(x) = \frac{1}{2}x^2 - \frac{1}{4}x^4 + C$$

すなわち

$$y = \frac{1}{2}x - \frac{1}{4}x^3 + \frac{C}{x} \quad (C \text{ は定数})$$

と (a) の解を得る．

● **数学的なポイント** ●─────

極端な言い方をすれば，この方法は適当な関数をもとの微分方程式にあてはめてみて，それがちょうど解になるようなものを探っていることになる．その代入すべき関数を探すために，(2.12) の特殊な形，すなわち (2.13) の解を求め，その定数項を関数と見てもとの方程式の解を作り出そうとしている．この考え方は「**定数変化法**」とよばれ，いろいろなところで用いられる．

問題

4.1 次の微分方程式を解きなさい[†]．

(1)　$y' + 2xy = x$　　(2)　$y' - y\tan x = \exp(\sin x)$　$\left(0 < x < \dfrac{\pi}{2}\right)$

[†]　(2) $\exp A = e^A$ である．A の部分が複雑なときにこの表記をよく用いる．

2.2.2 特殊解がわかっている場合

1階線形微分方程式 (2.12) について，別の観点から考察してみよう．

対応する同次線形微分方程式 (2.13) の 1 つの解を $y = y_0(x)$ とすると，勝手な定数 C に対して $y = y_1(x) = Cy_0(x)$ も (2.13) の解になる．実際

$$\frac{dy_0}{dx} + P(x)y_0(x) = 0$$

であるならば，両辺を C 倍して

$$\frac{dy_1}{dx} + P(x)y_1(x) = \frac{d(Cy_0)}{dx} + P(x)(Cy_0)(x) = 0 \tag{2.15}$$

が成り立つからである．また (2.12) の 1 つの解を $y = y_1(x)$ とする．つまり y_1 は

$$\frac{dy_1}{dx} + P(x)y_1(x) = Q(x) \tag{2.16}$$

を満たす関数である．このとき (2.16) の両辺に (2.15) を加えると

$$\frac{d}{dx}(y_1 + Cy_0)(x) + P(x)(y_1 + Cy_0)(x) = Q(x)$$

となることから，関数 $y_1 + Cy_0$ はまた (2.12) の解になることがわかる[†]．このことから (2.12) の 1 つの解 $y = y_1(x)$ がわかっているとき，その一般解は

$$y = y_1(x) + C\exp\left(-\int P(x)dx\right) \quad (C \text{ は定数}) \tag{2.17}$$

と表されることがわかる．

また (2.12) の 2 つの解 $y = y_1(x)$ と $y = y_2(x)$ がわかっているならば，$y = y_1(x) - y_2(x)$ は (2.13) の解であることがわかる（証明は読者に任せよう）．このとき (2.12) の一般解は

$$y = y_1(x) + C(y_2(x) - y_1(x)) \tag{2.18}$$

と表されることもわかる．

[†] このことから，同次方程式 (2.13) の解を微分方程式 (2.12) の余関数という (p.22 も参照)．

---例題 2.5---――――――――――――――― 1 階線形微分方程式 (2) ―

次の微分方程式を解きなさい．
$$y' + \frac{2}{x}y = 8x \tag{a}$$

[解 答] 一般に y が x の多項式で表されているとき，これを微分すると次数が 1 つ下がる．また y を x で割ったら次数が 1 つ下がる．その和が $8x$ だから，おそらく 2 次式だろう．そこから仮に $y = x^2$ とおいてみると

$$y' + \frac{2}{x}y = 2x + 2x = 4x$$

そこで $y = cx^2$ とおいてみると，$c = 2$ のときに (a) を満たすことがわかる．

一方この微分方程式に対する同次微分方程式

$$y' + \frac{2}{x}y = 0$$

の解は，$y = \dfrac{C}{x^2}$ (C は定数) である．以上のことから (a) の一般解は

$$y = 2x^2 + \frac{C}{x^2} \quad (C \text{ は定数})$$

と得られる．

● **数学的なポイント** ●――――――――――――――――――

このように微分方程式の特殊解を見つけるためには，微分・積分の性質を感覚的に捉えておくことが必要である．

問 題

5.1 次の微分方程式を解きなさい[†]．

(1) $y' - 2y = 1$ (2) $y' + xy = x$
(3) $y' + y = e^x$ (4) $y' + 2y\tan x = \sin x$

[†] 「演習と応用微分方程式」p.13 問題 3.1，「演習微分方程式」p.14 問題 4.2 参照．

2.3 ベルヌーイの微分方程式とその発展形

2.3.1 ベルヌーイの微分方程式

基本形 2.5(ベルヌーイの微分方程式)

$$\frac{dy}{dx} + P(x)y = Q(x)y^n \tag{2.19}$$

[方針] $n=0$ のときは 1 階線形微分方程式 (基本形 2.4),$n=1$ のときは右辺を左辺に移項すれば同次線形微分方程式 (2.13) であることがわかる.それ以外のときにうまく変形して 1 階線形微分方程式 (基本形 2.4) に持ち込むことを考える.

基本形 2.5 と基本形 2.4 との違いは,右辺に y の因子があることである.そこで (2.19) の両辺を y^n で割ってみると

$$y^{-n}\frac{dy}{dx} + P(x)y^{1-n} = Q(x) \tag{2.20}$$

となる.さらにこれと基本形 2.4 を見比べて,$u = y^{1-n}$ とおくことにすると

$$\frac{du}{dx} = (1-n)y^{-n}\frac{dy}{dx}$$

となる.これを (2.20) に代入すると,

$$\frac{du}{dx} + (1-n)P(x)u = (1-n)Q(x) \tag{2.21}$$

となって,基本形 2.4 の形になった.

● **数学的なポイント** ●────────

ベルヌーイの微分方程式は基本形 2.4 と似ている.知っている問題とどこが似ていて,どこが異なるかを調べることによって未知の問題が解けることはよくあることである.

2.3 ベルヌーイの微分方程式とその発展形

―例題 2.6― ――――――――――――― **ベルヌーイの微分方程式―**

次の微分方程式を解きなさい．
$$xy' + y = x\sqrt{y} \quad (x > 0) \tag{a}$$

[解答] これはベルヌーイの微分方程式の $n = \dfrac{1}{2}$ の場合である．したがって $u = y^{1/2} = \sqrt{y}$ とおくと

$$u' = \frac{y'}{2\sqrt{y}} \quad \text{すなわち} \quad y' = 2\sqrt{y}\,u'$$

となるのでこれを (a) に代入し，両辺を $2x$ で割ると

$$2x\sqrt{y}\,u' + y = x\sqrt{y} \quad \text{すなわち} \quad u' + \frac{u}{2x} = \frac{1}{2}$$

を得る．この 1 階線形微分方程式を解いて

$$u = \sqrt{y} = \frac{x}{3} + \frac{C}{\sqrt{x}}$$

を得る．したがって

$$y = \left(\frac{x}{3} + \frac{C}{\sqrt{x}}\right)^2 \quad (C \text{ は定数})$$

と (a) の解を得る．

問 題

6.1 次の微分方程式を解きなさい[†]．

(1) $y' - xy + xy^2 e^{-x^2} = 0$ (2) $y' + y = 3e^x y^3$

(3) $y' + \dfrac{y}{x} = x^2 y^3$ (4) $y' + \dfrac{1}{2x}y = -\dfrac{3}{2}xy^2$

(5) $y' - y\tan x = \dfrac{y^4}{\cos x}$ (6) $y' - \dfrac{1}{2x^2}y = \dfrac{1}{2y}\exp\left(x - \dfrac{1}{x}\right)$

(7) $xy' + y = y^2 \log x \quad (x > 0)$

[†] 「演習と応用微分方程式」p.14 問題 4.1 参照．

2.3.2 広義のリッカティの微分方程式

基本形 2.6 （広義のリッカティ[†]の微分方程式）
$$\frac{dy}{dx} + P(x)y^2 + Q(x)y + R(x) = 0 \tag{2.22}$$

広義のリッカティの微分方程式は一般に求積法によって解く（有限回の積分で解を表す）ことはできないが，特殊解がわかれば一般解が求まる．

特殊解が 1 つわかっている場合

この場合はベルヌーイ形の微分方程式 (p.20) に帰着することができる．
[方針] 特殊解 $y = y_1(x)$ がわかっているものとする．このとき $y = y_1 + u$ とおいて (2.22) に代入してみると，

$$y_1' + u' + P(x)(y_1 + u)^2 + Q(x)(y_1 + u) + R(x) = 0$$

y_1 は (2.22) の 1 つの解であるから，$y_1' + P(x)y_1^2 + Q(x)y_1 + R(x) = 0$ となることを用いると，u は微分方程式

$$u' + P(x)u^2 + (2P(x)y_1 + Q(x))u = 0 \tag{2.23}$$

をみたすことがわかる．これはベルヌーイ形 ($n = 2$) であるから，さらに $v = u^{-1}$ と置き換えると

$$v' - (2P(x)y_1 + Q(x))v = P(x) \tag{2.24}$$

と変形されるので，これを解いて

$$v = \exp\left(\int (2P(x)y_1 + Q(x))dx\right) \\ \times \left(\int \left\{P(x)\exp\left(-\int (2P(x)y_1 + Q(x))dx\right)\right\}dx + C\right) \tag{2.25}$$

となり，$y = y_1 + \dfrac{1}{v}$ として解を得ることができる．

[†] リッカティ：Jacopo Francesco Riccati (1676–1754)

── 例題 2.7 ─────────────── リッカティの微分方程式 ──

$y = x$ がその 1 つの特殊解であることを使って微分方程式

$$xy' + 2y^2 - y - 2x^2 = 0 \tag{a}$$

を解きなさい．

[解 答] $y = x$ が 1 つの特殊解であることから，$y = x + u$ とおいて (a) に代入すると

$$x\left(1 + \frac{du}{dx}\right) - (x + u) + 2(x + u)^2 - 2x^2 = 0$$

整理して

$$\frac{du}{dx} + \left(4 - \frac{1}{x}\right)u = -\frac{2}{x}u^2$$

となる．これはベルヌーイの微分方程式（$n = 2$ の場合）であるので $v = u^{1-2}$ とおけば線形微分方程式

$$\frac{dv}{dx} - \left(2 - \frac{1}{x}\right) = \frac{2}{x}$$

を得る．これを解くことによって

$$v = \frac{1}{x}\left(Ce^{4x} - \frac{1}{2}\right) \quad \text{すなわち} \quad y = x + \frac{2x}{2Ce^4 - 1}$$

と解を得る．

~~ 問 題 ~~~~~~~~~~~~~~~~~~~~~~~~~~~~

7.1 次の微分方程式の一般解を，（ ）内の特殊解が存在することを用いて求めなさい[†]．

(1) $y' - y^2 - 3y + 4 = 0 \quad (y = 1)$

(2) $y' = (y - 1)(xy - y - x) \quad (y = 1)$

(3) $y' + xy^2 - (2x^2 + 1)y + x^3 + x - 1 = 0 \quad (y = x)$

(4) $y' - y^2 + y\sin x - \cos x = 0 \quad (y = \sin x)$

[†] 「演習と応用微分方程式」p.21 問題 7.1 参照．

特殊解が 2 つわかっている場合

1 階線形微分方程式のときと同じように，リッカティの微分方程式においても特殊解が 2 つ以上わかっている場合には比較的簡単に一般解を求めることができる．

$y = y_1(x), y = y_2(x)$ が (2.22) の特殊解であるとする．

$$y_1' + P(x)y_1^2 + Q(x)y_1 + R(x) = 0 \tag{2.26}$$

$$y_2' + P(x)y_2^2 + Q(x)y_2 + R(x) = 0 \tag{2.27}$$

このとき (2.26) から (2.27) を引いてみると，$u = y_1 - y_2$ が $n = 2$ の場合のベルヌーイの微分方程式 (2.23) の 1 つの特殊解であることがわかる．したがって $v = u^{1-2} = \dfrac{1}{y_1 - y_2}$ は 1 階線形微分方程式 (2.24) の解であることがわかる．

1 階線形微分方程式 (2.24) の 1 つの特殊解がわかっているときの解法 (p.18) から

$$v = \frac{1}{y_1 - y_2} + C \exp\left(\int (2P(x)y_1 + Q(x))dx\right)$$

とわかるので (2.22) の一般解は

$$\begin{aligned} y &= y_1 + \frac{1}{v} \\ &= y_1 + \left\{\frac{1}{y_1 - y_2} + C \exp\left(\int (2P(x)y_1 + Q(x))dx\right)\right\}^{-1} \end{aligned}$$

であるとわかる．

● **数学的なポイント** ●───────────────

1 階線形方程式に関する p.18 の議論を思い出してみよう．(2.23) はその作り方からみても，(2.12) に対する (2.13) と同じような役割になっていることがわかるであろう．このように多少形は違っても本質的に同じような議論をしているところを見つけることは，未知の問題に対するときに重要である．

特殊解が 3 つわかっている場合

3 つの特殊解がわかっている場合には,さらに容易である. $y = y_1(x)$, $y = y_2(x)$, $y = y_3(x)$ が (2.22) の特殊解であるとする.面倒な計算であるが (2.25) を y について解いてみよう.すると

$$y = \frac{1 + y_1 e^{\int (2P(x)y_1 + Q(x))dx} \left[C + \int \left\{ P(x) e^{-\int (2P(x)y_1 + Q(x))dx} \right\} dx \right]}{e^{\int (2P(x)y_1 + Q(x))dx} \left[C + \int \left\{ P(x) e^{-\int (2P(x)y_1 + Q(x))dx} \right\} dx \right]}$$

を得る.これでは複雑なので,簡単にするために定数 C に関係ある項とそうでない項を整理すれば

$$y = \frac{Cf_1(x) + f_2(x)}{Cf_3(x) + f_4(x)} \tag{2.28}$$

と表すことができる.これは (2.22) の一般解であるから,わかっている特殊解 y_i $(i = 1, 2, 3)$ は特別な定数 C_i $(i = 1, 2, 3)$ をとれば

$$y_i = \frac{C_i f_1(x) + f_2(x)}{C_i f_3(x) + f_4(x)} \quad (i = 1, 2, 3) \tag{2.29}$$

と表せることがわかる.(2.28) において f_1, f_2, f_3, f_4 を消去すると

$$\frac{\dfrac{y_3 - y_1}{y_3 - y_2}}{\dfrac{y - y_1}{y - y_2}} = \frac{\dfrac{C_3 - C_1}{C_3 - C_2}}{\dfrac{C - C_1}{C - C_2}}$$

この右辺は定数であるからそれを a とおいて y について解けば

$$y = \frac{a(y_3 - y_2)y_1 - (y_3 - y_1)y_2}{a(y_3 - y_2) - (y_3 - y_1)} \tag{2.30}$$

という形で (2.22) の一般解が求められる.

2.3.3 狭義のリッカティの微分方程式

基本形 2.7（狭義のリッカティの微分方程式）

$$\frac{dy}{dx} + ay^2 = bx^m \quad (a, b, m は定数) \tag{2.31}$$

これは (2.22) の特別な場合である．やはり一般には求積法では解けないが，特に $m = -2$ または $\dfrac{4k}{1-2k}$ （k は整数）の場合には求積法で解ける．
[方針] a, b, m のうちどれか 1 つでも 0 ならば，この方程式は変数分離形になって解ける．次に $a, b, m \neq 0$ と仮定する．このとき $y = \dfrac{z}{x^2} + \dfrac{1}{ax}$ とおけば，(2.31) は

$$\frac{dz}{dx} + az^2 \frac{1}{x^2} = bx^{m+2} \tag{2.32}$$

となる．$m = -2$ ならばこれは同次形（p.12）になり，求積法で解ける．

$m \neq -2$ とする．さらに $m \neq -3$ を仮定する．このとき $x = x_1^{1/(m+3)}$，$z = \dfrac{1}{y_1}$ とおくと，(2.32) は，別の狭義のリッカティの微分方程式

$$\frac{dy_1}{dx_1} + a_1 y_1^2 = b_1 x_1^{m_1} \tag{2.33}$$

$$a_1 = \frac{b}{m+3}, \quad b_1 = \frac{a}{m+3}, \quad m_1 = -\frac{m+4}{m+3} \tag{2.34}$$

に変換される．$m_1 = 0$ のときに (2.33) は解ける．ということは $m = -4$ のときに (2.31) が解けることになる．

(2.34) を使って (2.31) を (2.33) に変換してみる．(2.33) が解ければ (2.31) も解ける．解けなければ (2.33) に対して再びこの変換を行う．この操作を k 回繰り返して解ける形（$m = 0$ の場合）に到達するならば，すなわち $m = \dfrac{4k}{1-2k}$ $(k = 0, 1, 2, 3, \ldots)$ の場合，(2.31) は解けることがわかる．

また逆に $m = 0$ の場合から出発して (2.34) を使って変換する操作を k 回繰り返して得られる狭義のリッカティの微分方程式，すなわち $m = \dfrac{4k}{1-2k}$ $(k = -1, -2, -3, \ldots)$ の場合も解けることがわかる．

2.3 ベルヌーイの微分方程式とその発展形

―― 例題 2.8 ――――――――――――――― 狭義のリッカティの微分方程式 ――
次の狭義のリッカティの微分方程式を解きなさい．
$$y' + y^2 = x^{-4/3} \tag{a}$$

[解答] これは左ページで $k = -1$ の場合である．したがって $m = 0$ の場合，すなわち $y' + ay^2 = b$ を (2.34) を1回使って変換するとこの式が得られるはずである．(2.34) において

$$1 = \frac{b}{m+3}, \quad 1 = \frac{a}{m+3}, \quad -\frac{3}{4} = -\frac{m+4}{m+3}$$

したがって，$a = 3, b = 3$，すなわち

$$y' + 3y^2 = 3 \tag{b}$$

を得る．これは変数分離形なので容易に解けて，

$$y = \frac{1 - Ce^{6x}}{1 + Ce^{6x}} \tag{c}$$

と解を得る．(b) を (2.34) を使って変換すれば (a) の微分方程式が得られるのだから，(a) の解は (c) を $y = \dfrac{z}{x^2} + \dfrac{1}{ax}, x = x_1^{1/(m+3)}, z = \dfrac{1}{y_1}$ と変換して得られる

$$y = \frac{3(1 + Ce^{6x^{1/3}})}{3x^{2/3}(1 - Ce^{6x^{1/3}}) - x^{1/3}(1 + Ce^{6x^{1/3}})} \tag{d}$$

であることがわかる．

～～ 問 題 ～～～～～～～～～～～～～～～～～～～～～～～～～～～～

8.1 次の狭義のリッカティの微分方程式を解きなさい[†]．

 (1) $y' + y^2 = \dfrac{1}{x^2}$ (2) $y' + y^2 = \dfrac{2}{x^2}$

8.2 狭義のリッカティの微分方程式 $x^4(y' + y^2) = 1$ を解きなさい[††]．

[†] 「演習と応用微分方程式」p.22 問題 8.1, 8.2 参照．
[††] これは $k = 1$ の場合である．(2.34) を使って1回変換すれば解ける形になる．

2.4 その他の発展形

2.4.1 y' について解ける形

> **基本形 2.8** （1 階高次微分方程式）
> $$p^n + P_1(x,y)p^{n-1} + P_2(x,y)p^{n-2} + \cdots + P_n(x,y) = 0 \quad (2.35)$$
> ただし $p = \dfrac{dy}{dx}$ である[†]．

[方針]　(2.35) の左辺が因数分解されて

$$\left(\frac{dy}{dx} - f_1(x,y)\right)\left(\frac{dy}{dx} - f_2(x,y)\right)\cdots\left(\frac{dy}{dx} - f_n(x,y)\right) = 0$$

となるとき，各因数 = 0 すなわち

$$\frac{dy}{dx} - f_i(x,y) = 0 \quad (i = 1, 2, \ldots, n) \quad (2.36)$$

の解はそれぞれ (2.35) を満たす．各 i に対して (2.36) の一般解が

$$\varphi_i(x, y, C_i) = 0 \quad (C_i は任意定数)$$

と表されるとき，(2.35) の解は

$$\varphi_1(x, y, C_1)\varphi_2(x, y, C_2)\cdots\varphi_n(x, y, C_n) = 0 \quad (2.37)$$

である．

● **数学的なポイント** ●────────────

次の「高次（2 次）方程式の解法の原理」は重要である．

　　　2 つの実数 A, B に関して「$AB = 0$」 $\Longleftrightarrow$ 「$A = 0$ または $B = 0$」

これを用いて，$p(= y')$ に関して"解いて" (2.36) を得たのである．

[†]　見やすくするために $y' = \dfrac{dy}{dx} = p$ という 3 通りの表記を用いるが，これらはしばしば混在される．

2.4 その他の発展形

---**例題 2.9**------------**1階高次微分方程式（因数分解できる場合）**---

次の微分方程式を解きなさい．

$$y'(y'+y) = x(x+y) \qquad (a)$$

[解答] この微分方程式を整理すると $(y'-x)(y'+x+y) = 0$ となる．すなわち

$$y' - x = 0 \quad \text{または} \quad y' + x + y = 0$$

である．$y' - x = 0$ を解くと

$$y = \frac{x^2}{2} + C_1 \quad (C_1\text{は定数}) \qquad (b)$$

となる．$y' + x + y = 0$ は1階線形微分方程式なので，これを解くと

$$y = 1 - x + C_2 e^{-x} \quad (C_2\text{は定数}) \qquad (c)$$

よって，常に (b) または (c) が成り立つ関数，すなわち

$$\left(\frac{x^2}{2} - y + C_1\right)\left(x + y - 1 + C_2 e^{-x}\right) = 0 \quad (C_1, C_2\text{は定数})$$

がこの微分方程式の解となる．

～～ 問 題 ～～～～～～～～～～～～～～～～～～～～～～～～～～

9.1 次の微分方程式を解きなさい[†]．

(1) $\quad xy'^2 + (x^2y - y)y' - xy^2 = 0$
(2) $\quad y'^3 - (2x+y)y'^2 + 2xyy' = 0$
(3) $\quad x^2y'^2 - 3x^2y^3 y' + 2y' - 6y^3 = 0$
(4) $\quad y'^3 - (x+y)y'^2 + xyy' = 0$
(5)[††] $\quad y'^2 + \dfrac{2y}{\tan x} y' = y^2$

[†] 「演習と応用微分方程式」p.25 問題 9.1 参照．
[††] 因数分解するのは次数を下げたいからである．言い方を替えると "$y' = $" の形がわかればよい．2次方程式の解の公式も利用せよ．

2.4.2　**xまたはyについて解ける形**

微分方程式 $F(x,y,y')=0$ が x または y について解ける場合にも扱いやすい場合がある.

> **基本形 2.9**　（**x または y について解ける形**）
>
> $$x = f(y, y') \tag{2.38}$$
> $$y = g(x, y') \tag{2.39}$$

[方針]　ここでも $y'=p$ と表すことにする．(2.38) では，x が y の関数であると考える（独立変数と従属変数を交替する）．このとき (2.38) の両辺を y で偏微分すると

$$\frac{dx}{dy} = \frac{1}{p} = \frac{\partial f}{\partial y} + \frac{\partial f}{\partial p}\frac{\partial p}{\partial y} \tag{2.40}$$

となる．$\frac{\partial f}{\partial p}$ と $\frac{\partial p}{\partial y}$ は y と p の関数であるから，(2.40) は y の関数 p に関する微分方程式である.

(2.40) の一般解が $\varphi(y,p,C)=0$ であるとき，これと (2.38) から p を消去[†]すれば (2.40) の一般解が求まる．

(2.39) も，両辺を x で微分すれば同様である．

● **数学的なポイント** ●────

p.28 では $p=\dfrac{dy}{dx}$ は単に表記を簡単にするために用いたが，このように p を1つの「変数」と思うことによって扱いやすくなることが多い．そう思って見れば，(2.35) は「p について解ける形」であるともいえる．

新しい変数や記号を導入するとそれを覚える手間はかかるが，上手に使うことによって考える対象がより見やすくなることがある．

[†]　式の形によってはこの計算が難しい場合もある．p.32 の脚注を見よ．

2.4 その他の発展形

例題 2.10 ────────────── x または y について解ける場合 ──

次の微分方程式を解きなさい．ただし，$p = \dfrac{dy}{dx}$ である．

(1) $xp^2 - 2yp + 4x = 0$ (2) $x + yp = y\sqrt{1+p^2}$

[解答] (1) この式を y について解くと $y = \dfrac{(p^2+4)}{2p}x$ となる．その両辺を x で微分して整理すれば $(p^2-4)\left(p - x\dfrac{dp}{dx}\right) = 0$ となるので，$\dfrac{dp}{dx} = \dfrac{p}{x}$ または $p = \pm 2$ を得る．

$\dfrac{dp}{dx} = \dfrac{p}{x}$ を解けば，$p = C_1 x$ となるので，これを元の微分方程式に代入すると $y = Cx^2 + \dfrac{1}{C}$ (C は定数) と一般解を得る．

$p = \pm 2$ を元の微分方程式に代入すると $y = \pm 2x$ を得る．これは一般解からは得られない**特異解**である．

(2) この式を x について解くと $x = y(\sqrt{1+p^2} - p)$ となる．この両辺を y で微分すると

$$\frac{dx}{dy}\left(= \frac{1}{p}\right) = \sqrt{1+p^2} - p + \left(\frac{p}{\sqrt{1+p^2}} - 1\right)y\frac{dp}{dy}$$

となる．これを整理すれば $\dfrac{dy}{dp} = -\dfrac{p}{1+p^2}y$ となる．これは p を独立変数と見れば変数分離形であるから容易に解くことができて，その解は $y = \dfrac{C}{\sqrt{1+p^2}}$ とわかる．これと元の微分方程式から p を消去して一般解 $x^2 + y^2 - 2Cx = 0$ (C は定数) を得る．

問題

10.1 次の微分方程式を解きなさい[†]．

(1) $2y - 4 - \log(p^2 + 1) = 0$ (2) $y = p\cos p - \sin p$
(3) $x = 5 + \log(p + \sqrt{1+p^2})$ (4) $\log(1+p^2) - 2\log p - 2x + 4 = 0$

───────────
[†] 「演習と応用微分方程式」p.25 問題 9.2 参照．

2.4.3 クレローの微分方程式

y について解ける形のうち特別なものを扱う.

基本形 2.10 (クレロー[†]の微分方程式)

$$y = xp + f(p) \quad \left(p = \frac{dy}{dx}\right) \tag{2.41}$$

[方針] (2.41) の両辺を x で微分して整理すると

$$(x + f'(p))\frac{dp}{dx} = 0$$

となる. したがって

$$\frac{dp}{dx} = 0 \quad \text{または} \quad x + f'(p) = 0$$

である. これらと (2.41) を組み合わせた 2 組の微分方程式

$$\begin{cases} y = xp + f(p) \\ \dfrac{dp}{dx} = 0 \end{cases} \qquad \begin{cases} y = xp + f(p) \\ x + f'(p) = 0 \end{cases}$$

を解く. はじめの連立微分方程式では, $\dfrac{dp}{dx} = 0$ から $p = C$ (C は定数) が得られるので, これを (2.41) へ代入すれば, 一般解

$$y = Cx + f(C) \tag{2.42}$$

が得られる.

2 つ目の連立微分方程式を満たす解はこの連立方程式から変数 p を消去[††]すれば得られる. 一般にこれは特異解となる.

[†] クレロー: Alexis Clairaut(1713–65)

[††] 式の形によってはこの計算が難しい場合もある. そのときには p は単なる媒介変数と見て, この連立方程式が解を表しているといってもよい.

2.4 その他の発展形

---**例題 2.11**-----------------------クレローの微分方程式---

次のクレローの微分方程式を解きなさい．
$$y = xp - p^2 \quad \left(p = \frac{dy}{dx}\right) \tag{a}$$

[解答] クレローの微分方程式であるから，両辺を微分すると
$$p = p + x\frac{dp}{dx} - 2p\frac{dp}{dx} \quad \text{すなわち} \quad (x - 2p)\frac{dp}{dx} = 0$$
を得る．すなわち
$$x - 2p = 0 \quad \text{または} \quad \frac{dp}{dx} = 0$$
である．

ここで $\frac{dp}{dx} = 0$ を解けば $p = C$（C は定数）を得る．これを (a) に代入することによって一般解
$$y = Cx + C^2 \quad (C \text{ は定数})$$
を得る．一方，$x - 2p = 0$ から $p = \frac{x}{2}$ と変形して (a) に代入すれば
$$y = x\left(\frac{x}{2}\right) - \left(\frac{x}{2}\right)^2 = \frac{x^2}{4}$$
を得る．これは一般解からは求められない，特異解である．

問題

11.1 次のクレローの微分方程式を解きなさい[†]．

(1) $y = xp + 2p^2 - p$ (2) $y = xp + \sqrt{1 + p^2}$
(3) $y = xp - \sin p$ (4)[††] $\exp(y - xp) = p^2$

[†] 「演習と応用微分方程式」p.26 問題 10.1 参照．

[††] 両辺の対数をとればクレローの微分方程式である．

2.4.4 ラグランジュの微分方程式

p.33 のクレローの微分方程式を一般化した形について考える．

> **基本形 2.11** （ラグランジュ[†]の微分方程式）
>
> $$y = xf(p) + g(p) \quad \left(p = \frac{dy}{dx}\right) \tag{2.43}$$

[方針] (2.41) と同じように (2.43) の両辺を x で微分してみると

$$p = f(p) + xf'(p)\frac{dp}{dx} + g'(p)\frac{dp}{dx} \tag{2.44}$$

となる．$f(p) = p$ の場合はクレローの微分方程式 (p.33) であるから，$f(p) \neq p$ の場合を考える．このとき (2.44) で $f(p)$ を移項し，両辺を $(p - f(p))\dfrac{dp}{dx}$ で割ると

$$\frac{dx}{dp} - \left(\frac{f'(p)}{p - f(p)}\right)x = \left(\frac{g'(p)}{p - f(p)}\right)$$

を得る．この微分方程式は，x が p の関数であると見れば，1 階線形微分方程式 (p.16) である．したがってこれを解けば

$$x = \exp\left(\int \frac{f'(p)}{p - f(p)}dp\right)\left(\int \frac{g'(p)}{p - f(p)}\exp\left(-\int \frac{f'(p)}{p - f(p)}\right)dp + C\right) \tag{2.45}$$

という関係式が得られる．これと (2.43) から p を消去することによって，一般解が求められる．

● 数学的なポイント ●

このように特殊な形（クレロー形）の類推として一般の場合（ラグランジュ形）を扱う，という手法はよくとられるものである．

[†] ラグランジュ：Joseph Louis Lagrange (1736–1813)

2.4 その他の発展形

---**例題 2.12**――――――――――ラグランジュの微分方程式―

次のラグランジュの微分方程式を解きなさい．

$$y = xp^2 + p^2 \qquad (a)$$

[解 答] 両辺を x で微分すると

$$p = p^2 + 2xp\frac{dp}{dx} + 2p\frac{dp}{dx}$$

すなわち

$$p(1-p) = 2p(x+1)\frac{dp}{dx}$$

を得る．よって

$$1 - p = 2(x+1)\frac{dp}{dx} \quad \text{または} \quad p = 0$$

であることがわかる．

$$1 - p = 2(x+1)\frac{dp}{dx} \qquad (b)$$

は x と p の微分方程式と見れば 1 階線形で変数分離形であるから容易に解くことができて，$(p-1)\sqrt{x+1} = C$（C は定数）を得る．これと (a) から p を消去すれば一般解

$$y = (C + \sqrt{x+1})^2$$

が得られる．

$p = 0$ からは，(a) にこれを代入することによって $y = 0$ という解を得る．これは特異解である．

❧❧ 問 題 ❧❧❧❧❧❧❧❧❧❧❧❧❧❧❧❧❧❧❧❧❧❧❧❧❧❧❧❧

12.1 次のラグランジュの微分方程式を解きなさい[†]．

(1) $y = 2xp - p^2$ (2) $y = x(1+p) + p^2$

[†] 「演習と応用微分方程式」p.26 問題 10.2 参照．

2.5 完全微分方程式
2.5.1 ポテンシャル関数

基本形 2.12（完全微分方程式）

$$\frac{dy}{dx} = -\frac{P(x,y)}{Q(x,y)} \quad \text{または} \quad P(x,y)dx + Q(x,y)dy = 0 \tag{2.46}$$

ただし適当な関数 U が存在して

$$\begin{aligned} P(x,y) &= \frac{\partial U(x,y)}{\partial x} \\ Q(x,y) &= \frac{\partial U(x,y)}{\partial y} \end{aligned} \tag{2.47}$$

|用語| 一般に関数の組 $(P(x,y), Q(x,y))$ に対して (2.47) を満たすような関数 U を $(P(x,y), Q(x,y))$ の**ポテンシャル関数**とよぶ.

微分方程式 (2.46) が (2.47) を満たすとき，この微分方程式は**完全微分方程式**であるという．

まず始めに与えられた微分方程式が完全微分方程式であるか，つまり対応するポテンシャル関数 U が存在するかを判定することを考えよう．そのためには次の定理を用いる．

定理 2.1（完全微分方程式の判定条件） 微分方程式 (2.46) に対して (2.47) をみたす関数 U が存在するための必要十分条件は

$$\frac{\partial P(x,y)}{\partial y} = \frac{\partial Q(x,y)}{\partial x} \tag{2.48}$$

が成り立つことである．

微分の順序交換などの細かい議論を省いて単に (2.47) を (2.48) に形式的に代入すれば，その両辺は $\dfrac{\partial^2 U}{\partial x \partial y}$ に等しくなるから，定理 2.1 が成り立つことは認めてよいだろう．

2.5 完全微分方程式

---**例題 2.13**--**完全微分方程式**---

次の微分方程式が完全微分方程式になることを示しなさい．
(1) $(\tan y - 3x^2)dx + \dfrac{x}{\cos^2 y}dy = 0$　　(2) $\dfrac{dy}{dx} = \dfrac{7x - 3y + 2}{3x - 4y + 5}$

[解 答] (1) 定理 2.1 を用いると

$$\frac{\partial}{\partial y}(\tan y - 3x^2) = \frac{1}{\cos^2 y}, \quad \frac{\partial}{\partial x}\left(\frac{x}{\cos^2 y}\right) = \frac{1}{\cos^2 y}$$

となって完全微分方程式であることがわかる．

(2) この微分方程式を

$$(7x - 3y + 2)dx - (3x - 4y + 5)dy = 0$$

と書き直せば，(1) と同様に

$$\frac{\partial}{\partial y}(7x - 3y + 2) = -\frac{\partial}{\partial x}(3x - 4y + 5) = -3$$

となり，完全微分方程式であることがわかる．

● 数学的なポイント ●―――――――――――――――――――――

ポテンシャル関数 U について，形式的な計算をしてみよう．(2.46) に (2.47) を代入すると

$$\frac{\partial U(x, y)}{\partial x}dx + \frac{\partial U(x, y)}{\partial y}dy = 0$$

すると全微分の定義から $dU(x, y) = 0$ となり，関係式 $U(x, y) = C$（C は定数）が得られる．これを微分方程式 (2.46) の**解**（一般解）という．

―――――― 問 題 ――――――

13.1 次の全微分方程式が完全微分方程式であることを示しなさい．
(1) $(2xy - \cos x)dx + (x^2 - 1)dy = 0$
(2) $(2x + y)dx + (x + 2y)dy = 0$
(3) $(y + e^x \sin y)dx + (x + e^x \cos y)dy = 0$

2.5.2 積分因子

微分方程式 $P(x,y)dx + Q(x,y)dy = 0$ は完全微分方程式でないが，適当な関数 $\mu(x,y)$ をかけて

$$(\mu(x,y)P(x,y))dx + (\mu(x,y)Q(x,y))dy = 0$$

とすると完全微分方程式になる場合がある．このような関数 $\mu(x,y)$ が存在するとき，この微分方程式は**積分可能**であるといい，関数 $\mu(x,y)$ を**積分因子**という．積分因子を具体的に求めることは一般には難しい[†]が，例えば次のことが知られている．

定理 2.2 関数 $\mu(x,y)$ が微分方程式 $P(x,y)dx + Q(x,y)dy = 0$ の積分因子であるための必要十分条件は

$$P(x,y)\frac{\partial \mu}{\partial y} - Q(x,y)\frac{\partial \mu}{\partial x} = -\mu(x,y)\left(\frac{\partial P}{\partial y} - \frac{\partial Q}{\partial x}\right) \tag{2.49}$$

である．

これを直接使って積分因子を求めることも容易ではないが，特別な場合に積分因子が求められることもある．

定理 2.3 定理 2.2 の右辺について

(1) $\dfrac{1}{Q}\left(\dfrac{\partial P}{\partial y} - \dfrac{\partial Q}{\partial x}\right)$ が x のみの関数ならば

$$\mu = \exp\left(\int \frac{1}{Q}\left(\frac{\partial P}{\partial y} - \frac{\partial Q}{\partial x}\right)dx\right) \tag{2.50}$$

は $P(x,y)dx + Q(x,y)dy = 0$ の積分因子になる．

(2) $\dfrac{1}{P}\left(\dfrac{\partial P}{\partial y} - \dfrac{\partial Q}{\partial x}\right)$ が y のみの関数ならば

$$\mu = \exp\left(-\int \frac{1}{P}\left(\frac{\partial P}{\partial y} - \frac{\partial Q}{\partial x}\right)dx\right) \tag{2.51}$$

は $P(x,y)dx + Q(x,y)dy = 0$ の積分因子になる．

[†] 本書よりさらに詳しい議論は「演習と応用微分方程式」p.16「演習微分方程式」p.17 にあるが，技巧的な内容である．本項目についてはとりあえず省略して先へ進んでもよい．

2.5 完全微分方程式

例題 2.14 ──────────────────────────── 完全微分方程式 ──

次の微分方程式が積分可能であることを示し，その積分因子を求めなさい．

$$(y - \log x)dx + x \log x \, dy = 0$$

[解答] $P = y - \log x$, $Q = x \log x$ とおくと

$$\frac{\partial P}{\partial y} = 1, \quad \frac{\partial Q}{\partial x} = 1 + \log x$$

となってこのままでは完全微分方程式ではない．

しかし

$$\frac{1}{Q}\left(\frac{\partial P}{\partial y} - \frac{\partial Q}{\partial x}\right) = -\frac{1}{x \log x}\log x = -\frac{1}{x}$$

は x のみの関数になるので，定理 2.3 が使えて

$$\exp\left(\int -\frac{1}{x}dx\right) = \frac{1}{x}$$

がこの全微分方程式に対する積分因子となる．

実際，$P(x, y) = \dfrac{y}{x} - \dfrac{\log x}{x}$, $Q(x, y) = \log x$ とおくと

$$\frac{\partial P}{\partial y} = \frac{\partial Q}{\partial x} = \frac{1}{x}$$

となるので，定理 2.1 からこれは完全微分方程式になる．

━━━━━━━━━━━━━━ 問　題 ━━━━━━━━━━━━━━

14.1 次の微分方程式が積分可能であることを示し，その積分因子を求めなさい．
  (1) $(y + xy + \sin y)dx + (x + \cos y)dy = 0$
  (2) $3x^2 y\, dx - (4y^2 - 2x^3)dy = 0$
  (3) $2xy\, dx - (x^2 - y^2)dy = 0$
  (4) $(2y + 3xy^2)dx + (x + 2x^2 y)dy = 0$
  (5) $(y + xy^2)dx + (x - x^2 y)dy = 0$

2.5.3 完全微分方程式の解法

完全微分方程式

$$\begin{cases} P(x,y)dx + Q(x,y)dy = 0 \\ P(x,y) = \dfrac{\partial U(x,y)}{\partial x}, \quad Q(x,y) = \dfrac{\partial U(x,y)}{\partial y} \\ U(x_0, y_0) = U_0 \quad (\text{定数}) \end{cases} \quad (2.52)$$

を具体的に解く方法,すなわちポテンシャル関数を求める方法を考えよう.
[方針] 大きく分けて次の2通りの方法がある.

● 方法 1 ● 全微分の性質から

$$dU = \frac{\partial U(x,y)}{\partial x}dx + \frac{\partial U(x,y)}{\partial y}dy = P(x,y)dx + Q(x,y)dy \quad (2.53)$$

と見て,両辺を $U_0 = U(x_0, y_0)$ から $U = U(x,y)$ まで線積分(不定積分)すると

$$U(x,y) = \int_{x_0}^{x} P(x, y_0)dx + \int_{y_0}^{y} Q(x,y)dy = U_0 \quad (\text{定数}) \quad (2.54)$$

または

$$U(x,y) = \int_{x_0}^{x} P(x,y)dx + \int_{y_0}^{y} Q(x_0, y)dy = U_0 \quad (\text{定数}) \quad (2.55)$$

と一般解が求められる.

● 方法 2 ● $P(x,y) = \dfrac{\partial U(x,y)}{\partial x}$ の両辺を x で積分すると,U は (x,y) の関数であるから,y の関数 $K(y)$ を使って

$$U(x,y) = \int P(x,y)dx + K(y) \quad (2.56)$$

と表すことができる.この両辺を y で偏微分すると

$$Q(x,y) = \frac{\partial U(x,y)}{\partial y} = \frac{\partial}{\partial y}\int P(x,y)dx + \frac{dK}{dy}$$

移項して両辺を y で積分すると

$$K(y) = \int \left(Q(x,y) - \frac{\partial}{\partial y}\int P(x,y)dx \right) dy \quad (2.57)$$

となることから,これを (2.56) に代入して $U(x,y)$ を求めることができる.

2.5 完全微分方程式

---**例題 2.15**------------------------**完全微分方程式**---

次の微分方程式を解きなさい．
$$(\tan y - 3x^2)dx + \frac{x}{\cos^2 y}dy = 0$$

[解 答] 一般には与えられた微分方程式が完全微分方程式であることを確かめなくてはならないが，この微分方程式は，例題 2.13 の (1) で完全微分方程式であることが確かめてあるのでここでは省略する．

方法 1 を使ってみよう．
$$\int_{x_0}^{x}(\tan y - 3x^2)dx + \int_{y_0}^{y}\frac{x_0}{\cos^2 y}dy$$
$$= \tan y(x - x_0) - (x^3 - x_0^3) + x_0(\tan y - \tan y_0)$$
$$= x\tan y - x^3 + (x_0^3 - x_0\tan y_0)$$
$$= U_0 \quad (定数)$$

ここで $x_0^3 - x_0 \tan y_0$, U_0 は定数なので，これらをまとめれば
$$x\tan y - x^3 = C \quad (C は定数)$$

と解を得る．

● **数学的なポイント** ●━━━━━━━━━━━━━━━━━━━━━

(2.54), (2.55) はそれぞれどういう積分路で線積分を行っているか確かめよう．

～～ 問 題 ～～～～～～～～～～～～～～～～～～～～～～～

15.1 次の微分方程式を解きなさい[†]．
 (1) $(2xy - \cos x)dx + (x^2 - 1)dy = 0$
 (2) $(2x + y)dx + (x + 2y)dy = 0$
 (3) $(y + e^x \sin y)dx + (x + e^x \cos y)dy = 0$

15.2 問題 14.1 の微分方程式を解きなさい[††]．

[†] 「演習と応用微分方程式」 p.17 問題 5.1 参照．
[††] 「演習と応用微分方程式」 p.18 問題 6.1 参照．

2.6 幾何学的な応用
2.6.1 接線・法線

曲線の性質を調べるとき，その曲線を何らかの関数のグラフと見なして考えると多くの場合に都合がよい．このとき，曲線の向き（接線の傾き）や曲率半径などはその関数の微分係数を用いて表される．したがって曲線の図形的な性質を表した関係式は微分方程式になることが多い．

図 2.2 において，線分 PT, PN の長さを，それぞれ点 $P(x,y)$ における曲線 C の**接線の長さ**，**法線の長さ**とよぶ．さらに線分 PT, PN の x 軸への射影 MT MN をそれぞれ**接線影**，**法線影**とよぶ．この曲線が $y = y(x)$ と表されているとき，次のことが容易にわかる．

$$接線の長さ = \left|\frac{y\sqrt{1+y'^2}}{y'}\right| \quad 接線影の長さ = \left|\frac{y}{y'}\right|$$

$$法線の長さ = \left|y\sqrt{1+y'^2}\right| \quad 法線影の長さ = |y'y|$$

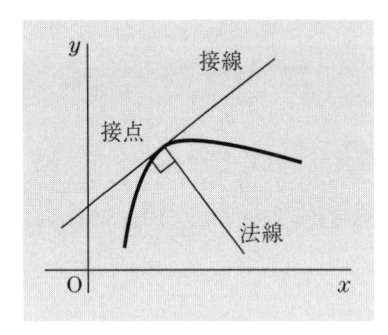

図 2.1　接線，法線とは

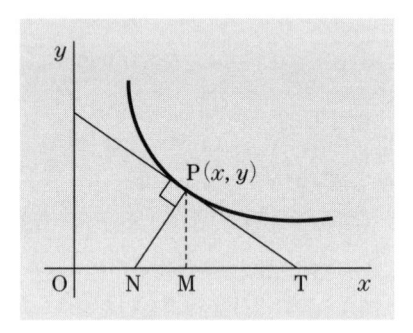

図 2.2　接線，法線，
　　　　接線影，法線影の長さ

2.6 幾何学的な応用

例題 2.16 ────────────────────── 接線・法線 ──

ある曲線上の任意の点 P における法線に，原点 O から下した垂線の長さが P の y 座標の絶対値に等しいという．この曲線の式を求めよ．

[**解 答**] 点 P の座標を (x, y) とする．このとき点 P を通るこの曲線の法線の方程式は，法線上の点の座標を (X, Y) で表すならば

$$\frac{Y-y}{X-x} = -\frac{1}{y'} \quad \text{すなわち} \quad X - x + y'(Y - y) = 0$$

となる．点 O(0,0) からこの直線へ引いた垂線の長さ（点 O と直線の距離）は

$$\overline{OQ} = \frac{|0 - x + y'(0 - y)|}{\sqrt{1 + {y'}^2}}$$

であり，問題の条件からこれが y と等しいので

$$x^2 + 2xyy' + y^2 = 0$$

を得る．これを解いて $x^2 + y^2 = Cx$（C は定数）と曲線の式を得る．

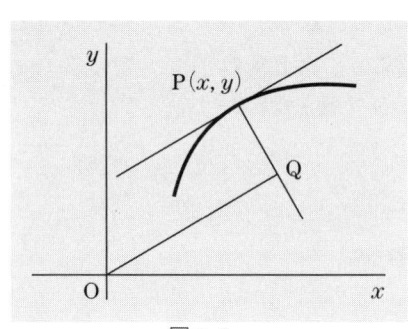

図 2.3

～～ **問 題**[†] ～～～～～～～～～～～～～～～～～～～～～～

16.1 ある曲線上の各点における接線の傾きが，その点の x 座標と y 座標の和に等しいという．この曲線の式を求めよ．

16.2 ある曲線に接線を引くと，その接線の x 切片と接点を結ぶ線分が常に y 軸で 2 等分されるという．この曲線の式を求めよ．

[†] 「演習と応用微分方程式」p.30 問題 11.1, 12.2 参照．

2.6.2 極座標系

極座標系について復習しよう．平面上に定点 O（原点とよぶ）をとる．原点を始点とする半直線（始線とよぶ）を1本とる．このとき，平面上の任意の点 P は線分 OP（動径とよぶ）の長さ r と，始線と動径のなす角 θ によって表される．ただしこの角の大きさは，始線から左回り（反時計回り）を正の向きとみることにする．このような座標の取り方を，**極座標系**とよぶ[†]．この座標系では曲線を $F(r,\theta) = 0, r = f(\theta)$ といった式で表すことができる．

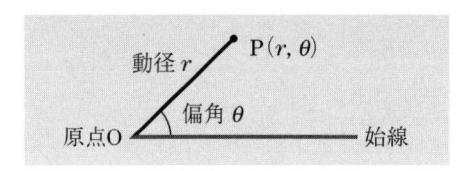

図 2.4　極座標系

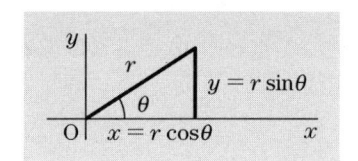

図 2.5　極座標系と直交座標系

曲線上の点 P における接線 PT および法線 PN を考える．OP ⊥ NT としたとき，接線 PT の直線 NT への射影 OT を**極接線影**，法線 PN の直線 NT への射影 ON を**極法線影**とよぶ．∠OPT $= \alpha$ とすると次のことがわかる（確かめてみよう）．

$$\text{極接線影} = r|\tan\alpha| = r^2 \left|\frac{d\theta}{dr}\right|$$

$$\text{極法線影} = r|\cot\alpha| = \left|\frac{dr}{d\theta}\right|$$

図 2.6

$$\text{接線の向き}: \tan\beta = \frac{dy}{dx} = \frac{r'\sin\theta + r\cos\theta}{r'\cos\theta - r\sin\theta} \quad \left(r' = \frac{dr}{d\theta}\right)$$

[†] これに対して2本の直交する数直線への射影を用いて平面上の点を表す座標系を**直交座標系**とよぶ．x-y 直交座標系において，x 軸の正の向きを始線として r-θ 極座標系を導入するとき，$x = r\cos\theta, y = r\sin\theta$ である．

2.6 幾何学的な応用

─── 例題 2.17 ─────────────────────────── 極座標系 ───

ある曲線上の各点における接線とその接点の動径のなす角が，常に接点の偏角に等しいという．この曲線はどのような図形か求めなさい．

[解答] 左ページの図 2.6 の記号をそのまま用いれば問題文の条件は $\theta = \alpha$ である．微分方程式を立てやすくするために，この条件を β の条件に直す．三角形の外角の性質から $\beta = \alpha + \theta$ なので

$$\tan\theta = \tan\alpha = \tan(\beta - \theta)$$
$$= \frac{\tan\beta - \tan\theta}{1 + \tan\beta\tan\theta}$$

となる．ここに

$$\tan\beta = \frac{r'\sin\theta + r\cos\theta}{r'\cos\theta - r\sin\theta} = \frac{r'\tan\theta + r}{r' - r\tan\theta}$$

を代入すれば

$$\tan\theta = \frac{r}{r'} = r\frac{d\theta}{dr}$$

である．これは変数分離形であるから容易に解けて

$$r = C\sin\theta \quad (C \text{ は定数})$$

を得る．両辺を r 倍し，$r^2 = x^2 + y^2, y = r\sin\theta$ を用いて x-y 座標系に変換すれば

$$x^2 + y^2 = Cy$$

となる．すなわち y 軸上に中心を持ち，x 軸に接する円である．

● **数学的なポイント** ●──────────────────────────

物理学などで学ぶとおり，この極座標系の他にもいろいろな座標の取り方がある．どんな座標系でも本質的には同じことであるが，状況によって，問題によって使う座標系を都合良く選べばよい．

2.6.3　等交曲線の方程式

　微分方程式の解として与えられる曲線群の各曲線と一定の角度 α で交わる曲線をこの曲線群の **α-等交曲線**，特に $\alpha = \dfrac{\pi}{2}$ のとき直交曲線という．

● **直交座標系の場合** ●　曲線群 $f(x, y, y') = 0$ の **α-等交曲線**は微分方程式

$$f\left(x, y, \frac{y' - \tan\alpha}{1 + y' \tan\alpha}\right) = 0 \tag{2.58}$$

を満たす．実際，求める曲線を $y = g(x)$ とし，これと与えられた曲線群の曲線 C との交点を $\mathrm{P}(x, y)$ とする．曲線 $y = g(x)$ の点 P における接線と x 軸とのなす角を θ とすると，その接線の傾きは $\tan\theta = g'(x)$ である．一方，点 P における C の接線と x 軸とのなす角は $\theta - \alpha$ となり，$\dfrac{dy}{dx} = \tan(\theta - \alpha)$ である．ここで $\alpha \neq \dfrac{\pi}{2}$ のとき

$$\begin{aligned}\tan(\theta - \alpha) &= \frac{\tan\theta - \tan\alpha}{1 + \tan\theta \tan\alpha} \\ &= \frac{g'(x) - \tan\alpha}{1 + g'(x)\tan\alpha}\end{aligned}$$

を得る．すなわち $y = g(x)$ は (2.58) を満たすことがわかる．

　$\alpha = \dfrac{\pi}{2}$ のときには $\tan(\theta - \alpha) = -\dfrac{1}{\tan\theta} = -\dfrac{1}{g(x)'}$ であるから，$y = g'(x)$ は

$$f\left(x, y, -\frac{1}{y'}\right) = 0 \tag{2.59}$$

を満たすことがわかるが，(2.59) は (2.58) において $\alpha \to \dfrac{\pi}{2}$ とした極限と見ることができる．

● **極座標系の場合** ●　曲線群 $f(r, \theta, r') = 0$ の α-等交曲線は微分方程式

$$f\left(x, y, \frac{r^2 \tan\alpha + rr'}{r - r'\tan\alpha}\right) = 0 \tag{2.60}$$

を満たす．ただし $r' = \dfrac{dr}{d\theta}$ である．実際，求める曲線を $r = g(\theta)$ とし，これと与えられた曲線群の曲線 C との交点を $\mathrm{P}(r, \theta)$ とする．曲線 $r = g(\theta)$ の点 P における接線と動径 OP とのなす角を ϕ，点 P における C の接

2.6 幾何学的な応用

線と OP のなす角を ψ とすると

$$\psi = \phi + \alpha, \quad \tan\phi = \frac{r}{r'}, \quad \tan\psi = \frac{g(\theta)}{g'(\theta)}$$

であるから，$\alpha \neq \dfrac{\pi}{2}$ のとき

$$\begin{aligned}
\tan\alpha &= \tan(\psi - \phi) \\
&= \frac{\tan\psi - \tan\phi}{1 + \tan\phi\tan\psi} \\
&= \frac{g(\theta)/g'(\theta) - r/r'}{1 + rg(\theta)/r'g'(\theta)} \\
&= \frac{r'g(\theta) - rg'(\theta)}{r'g'(\theta) + rg(\theta)}
\end{aligned}$$

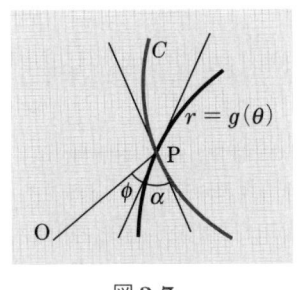

図 2.7

を得る．したがって $r = g(\theta)$ は (2.60) を満たすことがわかる．

$\alpha = \dfrac{\pi}{2}$ のときには，左ページと同様に考えると $r = g(\theta)$ は

$$f\left(x, y, -\frac{r^2}{r'}\right) = 0 \tag{2.61}$$

を満たすことがわかるが，これも (2.60) において $\alpha \to \dfrac{\pi}{2}$ とした極限である．

曲線群が与えられたときその等交曲線を求めるには，その曲線群を表す微分方程式を作り，上の結果を用いて微分方程式を変換し，それを解けばよい．

問題[†]

17.1 曲線群 (1) $y^2 = cx$, (2) $y = cx^n$ の直交曲線を求めよ．

17.2 曲線群 $y = \dfrac{c}{x-1}$ の $45°$-等交曲線を求めよ．

17.3 曲線群 $r = C(1 + \cos\theta)$ の直交曲線を求めよ．

17.4 円群 $x^2 + y^2 = c^2$ の $45°$-等交曲線を，直交座標，極座標を用いて求めよ．

[†] 「演習と応用微分方程式」p.32 問題 13.1, 13.2, 13.4, 13.5 参照．

演習問題

1 次の微分方程式を解きなさい[†].
(1) $xy' + x + y = 0$ (2) $(x^2y + x)y' + xy^2 - y = 0$
(3) $\dfrac{dy}{dx} = \sqrt{x+y}$

2 次の微分方程式を解きなさい.
(1) $y' + y = x$ (2) $y' + 2xy = xe^{-x^2}$ (3) $(1+x^2)y' = xy + 1$
(4) $y' + y\cos x = \sin x \cos x$ (5) $y' + \dfrac{1}{x+1}y = \sin x$ $(x+1 > 0)$

3 次の微分方程式を解きなさい.
(1) $y' - 2xy = xy^2$ (2) $y' + \dfrac{3}{4x}y + \dfrac{1}{4}e^x x^3 y^5 = 0$ $(x > 0)$
(3) $y' + ay + by^2 = 0$ (4) $y' + ay + by^3 = 0$

4 次の微分方程式を解きなさい.
(1) $(x^3 - 2xy - y)dx + (y^3 - x^2 - x)dy = 0$
(2) $\dfrac{2x-y}{x^2+y^2}dx + \dfrac{2y+x}{x^2+y^2}dy = 0$
(3) $(1 - 2x^2y)dx + x(2y - x^2)dy = 0$ (Hint：両辺に $\dfrac{1}{x}$ をかけてみよう)

5 次のリッカティの微分方程式を，括弧内の特殊解が存在することを用いて解きなさい.
(1) $\dfrac{dy}{dx} + \dfrac{1}{2x^2 - x}y^2 - \dfrac{1+4x}{2x^2 - x}y + \dfrac{4x}{2x^2 - x} = 0$ $(y = 1)$
(2) $\dfrac{dy}{dx} = \dfrac{2}{x^4}y^2 + x^2$ $(y = x^3)$

6 次の微分方程式を解きなさい.
(1) $yy'^2 + (x-y)y' - x = 0$ (2) $y'^2 - (2x + 3y)y' + 6xy = 0$
(3) $y'^2 - y^2 + 2e^x y - e^{2x} = 0$

7 次の微分方程式を解きなさい.
(1) $xy' = y - x$ (2) $y = 2xy' + y^2(y')^3$

8 次の性質を満たす曲線の方程式を求めなさい.
(1) 接線の長さが一定値 a に等しい曲線.
(2) 接線影の長さが接点の x 座標の 3 倍に等しい曲線.

9 焦点を共有する楕円群 $\dfrac{x^2}{a^2+c} + \dfrac{y^2}{b^2+c} = 1$ は，それ自身の直交曲線になっていることを示せ.

---

† (1) (2): $xy = u$ とおく. (3): $x + y = u$ とおく.

第 3 章

高階常微分方程式

本章の目的　これまでの章では 1 階の微分方程式の解法について学んだ．この章では微分の階数が 2 階以上の常微分方程式の解法を扱う．1 階の場合だけでもいろいろな解法が必要であるから，2 階以上では多くの困難が伴うと予想される．しかしそのときに逆に考えるべきなのは，2 章で学んだことによって「1 階ならば解ける場合をたくさん知っている」ということである．それならば

「2 階以上の微分方程式は，階数を下げて 1 階にしてしまえば解ける」

かもしれない．これは 2 章でも述べた

「未知の問題をすでに知っている知識に帰着させて考える」

という，数学という学問の基本的な姿勢である．

一般に高階の微分方程式は

$$F(x, y, y', \ldots, y^{(n)}) = 0 \tag{3.1}$$

と表される．このような一般の形のまま階数を下げることは難しいが，$F(\cdots)$ が特別な形をしているときにはその形を糸口にして階数を下げる方法がいろいろと考えられる．この章ではその方法を順に述べることにする．

3.1　$x, y, y', \ldots, y^{(n)}$ の一部を含まない場合

> **基本形 3.1**　（$F(x, y^{(n)}) = 0$ の形[†]）
> $$y^{(n)} = f(x) \tag{3.2}$$

[方針]　(3.2) の両辺を x について積分すれば

$$y^{(n-1)} = \int f(x)dx + C_1$$

となる．これを n 回繰り返せば一般解は次の形で求められる．

$$y = \overbrace{\int dx \int dx \cdots \int}^{n\,回} f(x)dx + C_1 x^n + C_2 x^{n-1} + \cdots + C_n \tag{3.3}$$

> **基本形 3.2**　（$F(y^{(n-1)}, y^{(n)}) = 0$ の形[†]）
> $$y^{(n)} = f(y^{(n-1)}) \tag{3.4}$$

[方針]　$y^{(n-1)} = p$ とおくと (3.4) は $p' = f(p)$ となり，これは変数分離形だから p.10 の方法で解ける．その一般解を $p = G(x, C)$ で表すと

$$y^{(n-1)} = G(x, C)$$

と (3.2) の形になる．したがって一般解は次のように求められる．

$$y = \overbrace{\int dx \cdots \int}^{n-1\,回} G(x, C)dx + C_1 x^{n-1} + C_2 x^{n-2} + \cdots + C_{n-1} \tag{3.5}$$

[†]　$F(x, y^{(n)}) = 0, F(y, y^{(n)}) = 0$ のような形で与えられている問題では，これを $y^{(n)}$ について解いて $y^{(n)} = f(x), y^{(n)} = f(y)$ の形に変形する．

3.1 $x, y, y', \ldots, y^{(n)}$ の一部を含まない場合

例題 3.1 ──────────── 階数が下げられる形 (1) ──

次の微分方程式を解きなさい．
(1) $x^2 y''' = 1$　　(2) $y''' + 2y'' = 0$

[解答] (1) $y''' = x^{-2}$ だから，この両辺を x で積分を繰り返して

$$y'' = \int \frac{1}{x^2} dx = -\frac{1}{x} + C'$$
$$y' = \int \left(-\frac{1}{x} + C'\right) dx = -\log|x| + C'x + C''$$
$$y = \int (-\log|x| + C'x + C'') dx = x - \log|x| + \frac{C'}{2}x^2 + C''x + C'''$$

整理して任意定数を置き換えて

$$y = -x\log|x| + C_1 x^2 + C_2 x + C_3$$

と一般解を得る．

(2) $y'' = p$ とおくとこの微分方程式は $p' + 2p = 0$ と書き変えられる．これは変数分離形なので容易に解くことができて $p = y'' = Ce^{-2x}$ を得る．

この両辺を x で 2 回積分すれば一般解

$$y = C_1 e^{-2x} + C_2 x + C_3 \quad (C_1, C_2, C_3 \text{ は定数})$$

が得られる．

── 問 題[†] ──

1.1 次の微分方程式を解きなさい．
(1) $y'' = ax$　　(2) $e^x y'' = e^{2x} - 1$　　(3) $y''' = xe^x$
(4) $xy''' = 1$　　(5) $y''' = x^2 e^x$

1.2 次の微分方程式を解きなさい．
(1) $y'' = y'$　　　　　(2) $y''' y'' = 1$
(3) $y'' - y'^2 - 1 = 0$　　(4) $y'' = y'\sqrt{1 - y'^2}$

[†] 「演習と応用微分方程式」p.35 問題 1.1, 1.2 参照．

基本形 3.3 ($F(y, y^{(n)}) = 0$ の形[†])

$$y^{(n)} = f(y) \quad (n = 1, 2 \text{ のとき}) \tag{3.6}$$

[方針] $n = 1$ のときは変数分離形 (p.10) だから解ける.

$n = 2$ のときは (3.6) の両辺に $2y'$ をかけると $2y'y'' = 2f(y)y'$ となる. この両辺を x で積分すると

$$(y')^2 = 2\int f(y)\frac{dy}{dx}dx + C \quad \text{すなわち} \quad y' = \pm\sqrt{2\int f(y)dy + C_1}$$

を得る. これは変数分離形だから, (3.6) の一般解は

$$\pm \int \frac{1}{\sqrt{2\int f(y)dy + C_1}} dy = x + C_2 \tag{3.7}$$

と求められる.

基本形 3.4 ($F(y^{(n-2)}, y^{(n)}) = 0$ の形[†])

$$y^{(n)} = f(y^{(n-2)}) \tag{3.8}$$

[方針] $y^{(n-2)} = p$ とおけば (3.8) は $p'' = f(p)$ となり, これは (3.6) であるから, (3.7) を用いると

$$\pm \int \frac{dp}{\sqrt{2\int f(p)dp + C_1}} = x + C_2$$

とある. 左辺を計算して p について解いて $p = g(x)$ となったとすれば, $y^{(n-2)} = g(x)$ となって (3.2) の形になった. あとはこれを x で $n-1$ 回積分すればよい.

[†] $y^{(n)}$ について解いて (3.6), (3.8) の形にする.

── 例題 3.2 ─────────────────────────── 階数が下げられる形 (2) ──

次の微分方程式を解きなさい．
(1) $y'' + \dfrac{1}{y^3} = 0$　　(2) $y^{(4)} + 4y'' = 0$

[解 答] (1) 両辺に $2y'$ をかけて移項すると $2y'y'' = -\dfrac{2y'}{y^3}$ となる．この両辺を x で積分すると

$$(y')^2 = \dfrac{1}{y^2} + C_1 \quad 変形して \quad y' = \pm\sqrt{\dfrac{1}{y^2} + C_1} = \pm\sqrt{\dfrac{1 + C_1 y^2}{y^2}}$$

となる．これは変数分離形になっているのでこれを解いて整理し，$C_1 y^2 = (C_1 x + C_2)^2 - 1$ (C_1, C_2 は定数) と一般解を得る．

(2) $y'' = p$ とおけばこの微分方程式は $p'' = -4p$ となるので，(3.7) から

$$\int \dfrac{dp}{\sqrt{C - 4p^2}} = \pm x + C' \quad 計算して \quad \dfrac{1}{2}\sin^{-1}\dfrac{p}{\sqrt{C}} = \pm x + C'$$

すなわち

$$p = y'' = A\sin(2x + B) \quad (A, B は定数)$$

を得る．これを x で 2 回積分して整理すると

$$y = C_1 \sin(2x + C_2) + C_3 x + C_4 \quad (C_1, C_2, C_3, C_4 は定数)$$

と一般解を得る．

～～ 問 題[†] ～～～～～～～～～～～～～～～～～～～～～～～～～

2.1 次の微分方程式を解きなさい．
(1) $y'' = 2y$ 　　(2) $y'' = (y')^2$
(3) $y'' = \sqrt{1 + (y')^2}$ 　　(4) $\sqrt{y}\, y'' = 1$

2.2 次の微分方程式を解きなさい．
(1) $y''' - y' = 0$ 　　(2) $y^{(4)} - y'' + 3 = 0$

[†] 「演習と応用微分方程式」p.35 問題 1.3,「演習微分方程式」p.39 問題 2.2 参照．

> **基本形 3.5** （x または y を含まない形）
> $$F(x, y', y'', \cdots, y^{(n)}) = 0 \tag{3.9}$$
> $$F(y, y', y'', \cdots, y^{(n)}) = 0 \tag{3.10}$$

[方針] 微分の階数を下げることを考える．すぐにわかるように (3.9) は $y' = p(x)$ とおいて代入すると

$$F(x, p, p', p'', \cdots, p^{(n-1)}) = 0 \tag{3.11}$$

となるのでこれは $n-1$ 階の微分方程式である．

(3.10) についてもやはり $y' = p$ とおく．x の項がないところから y が独立変数，p が従属変数（p が y の関数である）と見ることにする．このとき

$$y'' = \frac{d^2 y}{dx^2} = \frac{dp}{dx} = \frac{dp}{dy}\frac{dy}{dx} = p\frac{dp}{dy} \tag{3.12}$$

$$y''' = \frac{d}{dx}(y'') = \frac{d}{dx}\left(p\frac{dp}{dy}\right) = \frac{dp}{dx}\frac{dp}{dy} + p\frac{d}{dx}\left(\frac{dp}{dy}\right)$$
$$= p\left(\frac{dp}{dy}\right)^2 + p\frac{d^2 p}{dy^2}\frac{dy}{dx}$$
$$= p\left(\frac{dp}{dy}\right)^2 + p^2\frac{d^2 p}{dy^2} \tag{3.13}$$

$$y'''' = \cdots\cdots\cdots\cdots\cdots\cdots$$

と変形できる．これらを (3.10) に代入することによって階数を 1 つ下げることができる．

問 題[†]

3.1 次の微分方程式を解きなさい．

(1) $xy'' + y' = x^2$ (2) $xy'' + 2y' = 2x$
(3) $x^2 y'' = 2xy' + x^2$ (4) $(1+x^2)y'' + 1 + y'^2 = 0$
(5) $(x+2)y'' + 2y' = 12x^2$ (6) $x(1-x^2)y'' - y' + x^3 = 0$ $(x > 0)$

[†] 「演習と応用微分方程式」p.37 問題 2.1 参照．

3.1 $x, y, y', \ldots, y^{(n)}$ の一部を含まない場合

---**例題 3.3**--**階数が下げられる形 (3)**---

次の微分方程式を解きなさい.

$$yy'' - 2(y')^2 - yy' = 0 \qquad (a)$$

[解答] これは x を含まない形なので, $y' = p$ とおく. このとき (3.12) を用いると (a) は

$$yp\frac{dp}{dy} - 2p^2 - yp = p\left(y\frac{dp}{dy} - 2p - y\right) = 0 \qquad (b)$$

となる. よって

$$p = 0 \quad \text{または} \quad y\frac{dp}{dy} - 2p - y = 0$$

を得る.

$y\dfrac{dp}{dy} - 2p - y = 0$ は 1 階線形であるから, p.16 の解法を用いて

$$p = \frac{dy}{dx} = y(Cy - 1)$$

となる. これを x-y の微分方程式とみれば, 変数分離形であるから一般解

$$y = \frac{1}{C_1 e^x + C_2} \qquad (c)$$

を得る.

一方, $p = 0$ を解くと $y = C$ (C は定数) となる. $C \neq 0$ の場合は (c) の $C_1 = 0$ かつ $C_2 = C^{-1}$ の場合に他ならない. $C = 0$ の場合, すなわち解 $y = 0$ は (c) からは求められない特異解である.

～～ 問題 ～～～～～～～～～～～～～～～～～～～～～～～～

3.2 次の微分方程式を解きなさい[†].

(1) $y^2 y'' - (y')^3 = 0$ (2) $yy'' + (y')^2 + 1 = 0$
(3) $(1 + y)y'' + (y')^2 = 0$

[†] 「演習と応用微分方程式」p.37 問題 2.2 参照.

3.2 同次形の微分方程式

n 階の微分方程式

$$F(x, y, y', y'', \ldots, y^{(n)}) = 0 \tag{3.14}$$

について，なんらかの「同次条件」といわれるものが成り立つ場合を考える．

基本形 3.6 （y について r 次同次形）

$r \in \mathbf{R}$ とする．どんな $\rho > 0$ に対しても

$$F(x, \rho y, \rho y', \rho y'', \ldots, \rho y^{(n)}) = \rho^r F(x, y, y', y'', \ldots, y^{(n)}) \tag{3.15}$$

という関係式が成り立つとき，F は y について r 次同次であるという．

[方針] $y = e^z$ とおいて代入してみよう．すると

$$y' = \frac{d}{dx}(e^z) = e^z z', \quad y'' = \frac{d}{dx}(e^z z') = e^z ((z')^2 + z''),$$

$$y''' = \frac{d}{dx}(e^z ((z')^2 + z'')) = e^z ((z')^3 + 3z'z'' + z'''),$$

$$\cdots\cdots$$

となるので，これを F に代入すると

$$\begin{aligned}
&F(x, y, y', y'', \ldots, y^{(n)}) \\
&= F\bigl(x, e^z, e^z z', e^z ((z')^2 + z''), e^z ((z')^3 + 3z'z'' + z'''), \ldots\bigr) \\
&= e^{rz} F\bigl(x, 1, z', ((z')^2 + z''), ((z')^3 + 3z'z'' + z'''), \ldots\bigr)
\end{aligned}$$

となる．ここで $e^z \neq 0$ だから (3.14) は

$$F\bigl(x, 1, z', ((z')^2 + z''), \ldots\bigr) = 0 \tag{3.16}$$

と変形できたことになる．変数 x と z の微分方程式と見たとき，この形は z がない，すなわち前節の (3.9) の形に相当するので，$z' = p$ とおいて代入すれば，$n-1$ 階の微分方程式に直すことができる．

3.2 同次形の微分方程式

―― 例題 3.4 ―――――――――――――――― y について r 次同次形 ――

次の微分方程式を解きなさい．
$$xyy'' - x(y')^2 + y^2 = 0 \qquad (a)$$

[解 答] $\rho > 0$ とする．(a) において y, y', y'' の代わりに $\rho y, \rho y', \rho y''$ を代入すると
$$\rho^2(xyy'' - x(y')^2 + y^2) = 0$$
となることから，y について 2 次の同次形であることがわかる．そこで $y = e^z$ とおいてみると，$y' = e^z z', y'' = e^z(z'' + z'^2)$ であるから (a) は
$$xe^{2x}(z'' + z'^2) - xe^{2z} z'^2 + e^{2z} = 0 \quad \text{整理して} \quad z'' + \frac{1}{x} = 0$$
となる．したがって 2 回積分すれば
$$z = -(x\log|x| - x) + C'x + C''$$
を得る．$z = \log y$ であるから
$$y = \exp(-x\log|x| + C_1 x + C_2)$$
と一般解を得る．

● **数学的なポイント** ●――――――――――――――――――――

(3.14) の左辺に $y = \rho u$ を代入すると (3.15) の左辺の形が出てくることがわかる．つまり「y を ρ 倍する」ことが「ρ の r 乗倍」として効いてくるような形の F だということである．p.58 の「x について」も同様である．

● **問 題** ●

4.1 次の微分方程式を解きなさい[†]．
 (1) $yy'' - y'^2 - 2y^2 = 0$ (2) $yy'' - y'^2 - 6xy^2 = 0$
 (3) $xyy'' + xy'^2 = 3yy'$

[†] 「演習と応用微分方程式」p.39 問題 3.1 参照

基本形 3.7 （x について r 次同次形）
 $r \in \mathbf{R}$ とする．微分方程式

$$F(x, y, y', y'', \ldots, y^{(n)}) = 0 \tag{3.17}$$

において，どんな $\rho > 0$ に対しても

$$F\left(\rho x, y, \frac{y'}{\rho}, \frac{y''}{\rho^2}, \ldots, \frac{y^{(n)}}{\rho^n}\right) = \rho^r F(x, y, y', y'', \ldots, y^{(n)}) \tag{3.18}$$

という条件が成り立つとき，F は (この微分方程式は) x について r 次同次であるという．

[方針] (3.15) と同じように，今度は $x = e^t$ とおいてみよう．すると y', y'', y''', $\cdots$ は

$$y' = \frac{dy}{dx} = \frac{dy}{dt} \bigg/ \frac{dx}{dt} = \frac{dy}{dt} \bigg/ e^t = e^{-t} \frac{dy}{dt}$$

$$y'' = \frac{d(y')}{dx} = \frac{d(y')}{dt} \bigg/ \frac{dx}{dt} = e^{-t}\left(\frac{d}{dt}\left(e^{-t}\frac{dy}{dt}\right)\right) = e^{-2t}\left(\frac{d^2 y}{dt^2} - \frac{dy}{dt}\right)$$

$$y''' = \frac{d(y'')}{dx} = e^{-3t}\left(\frac{d^3 y}{dt^3} - 3\frac{d^2 y}{dt^2} + 2\frac{dy}{dt}\right)$$

$\cdots\cdots\cdots$

と t の式に置き換えることができる．$\dot{y} = \dfrac{dy}{dt}, \ddot{y} = \dfrac{d^2 y}{dt^2}, \cdots$ と表すことにすれば，(3.17) は

$$\begin{aligned}
&F(x, y, y', y'', \ldots, y^{(n)}) \\
&= F\left(e^t, y, e^{-t}\dot{y}, e^{-2t}(\ddot{y} - \dot{y}), e^{-3t}(\dddot{y} - 3\ddot{y} + 2\dot{y}), \cdots\right) \\
&= e^{rt} F\left(1, y, \dot{y}, (\ddot{y} - \dot{y}), (\dddot{y} - 3\ddot{y} + 2\dot{y}), \cdots\right) = 0
\end{aligned}$$

となる．$e^{rt} \neq 0$ であることに注意し，これを変数 t と y の微分方程式と見れば，これは t がない，すなわち前節の (3.10) の形に相当するので，その方法を使えば階数を $n-1$ 階に下げることができる．

3.2 同次形の微分方程式

---**例題 3.5**------------------------------x について r 次同次形---

次の微分方程式を解きなさい．
$$xy^2y'' + y'(1+y^2) = 0 \tag{a}$$

[解 答] x の代わりに ρx, y' の代わりに $\rho^{-1}y'$, y'' の代わりに $\rho^{-2}y$ を (a) に代入すると $\rho^{-1}(xy^2y'' + y'(1+y^2)) = 0$ となり，(a) は x について 1 次同次形とわかる．そこで $x = e^t$ を代入すると，(a) は

$$y^2 \frac{d^2y}{dt^2} + \frac{dy}{dt} = 0 \tag{b}$$

と変形できる．これは t がない形なのでさらに $\dfrac{dy}{dt} = p$ とおいて p.54 の議論を用いれば，$y^2 p \dfrac{dp}{dy} + p = 0$ と変形できるので

$$y^2 \frac{dp}{dy} + 1 = 0 \quad \text{または} \quad p = 0 \tag{c}$$

を得る．$y^2 \dfrac{dp}{dy} + 1 = 0$ は p と y の微分方程式と見て変数分離形だから

$$p\left(= \frac{dy}{dt}\right) = -\int \frac{1}{y^2} dy = \frac{1}{y} + C$$

と解ける．これは t と y の微分方程式と見て変数分離形だから同様に解いて

$$C_1 y - \log(C_1 y + 1) = C_1^2 \log x + C_2 \tag{d}$$

と一般解を得る．

$p = 0$ からは $y = C$ (C は定数) を得る．これは一般解 (d) からは得られない特異解である．

~~~ 問 題 ~~~~~~
5.1 次の微分方程式を解きなさい[†]．

(1) $xyy'' = y'(xy' - y)$ (2) $xy''' + 2y'' = 0$ (3) $x^2y'' = xy' + 1$

[†] 「演習と応用微分方程式」p.39 問題 3.2 参照．

演習問題

1 次の微分方程式が「x について同次形」であることを示しなさい[††].

(1) $x^2 y'' + xy' - y = 0$ (2) $x^3 y''' + 3x^2 y'' - 6xy' - 6y = 0$

(3) $x^2 y'' + xy' - 4y = 0$ (4) $x^3 y''' + 2x^2 y'' - 6xy' = 0$

(5) $x^3 y''' - 3x^2 y'' + 7xy' - 8y = 0$

2 次の微分方程式を解きなさい.

(1) $x^3 y'' - (y - xy')^2 = 0$ (2) $x^2 y'' + xy' + y = 0$

(3) $x^4 y'' - (y - xy')^2 = 0$

$\boxed{\text{2 の解法}}$ $m, r \in \mathbf{R}$ とする. どんな $\rho > 0$ に対しても

$$F(\rho x, \rho^m y, \rho^{m-1} y', \rho^{m-2} y'', \ldots, \rho^{m-n} y^{(n)}) = \rho^r F(x, y, y', y'', \ldots, y^{(n)})$$

という条件が成り立つとき, 微分方程式 $F(x, y, y', y'', \ldots, y^{(n)}) = 0$ は **x と y について r 次同次**であるという. これはちょうど前の2つを組み合わせた形である. この場合には $x = e^t, y = e^{mt} z$ とおいて変数 t と z の微分方程式に書き直し, $\dfrac{dz}{dt} = p$ とおけば, 階数が1つ下がる.

● **数学的なポイント** ●―――――――――――――――――

$u = \rho x$ とおいてみよう. 置換積分の公式から

$$\frac{dy}{dx} = \frac{dy}{du}\frac{du}{dx} = \frac{dy}{du}\frac{1}{\rho} \quad \text{繰り返して} \quad \frac{d^n}{dx^n} = \frac{1}{\rho^n}\frac{d^n}{du^n}$$

となることから, (3.17) において $x = \rho u$ とおけば (3.18) の右辺が得られる.「x を ρ 倍する」ことが「ρ の r 乗倍」として効いてくるような形の F だということが「x について r 次同次」の意味である. p.57 でも述べたことと合わせて「x と y について同次」という概念が,「x について同次」「y について同次」の2つを合わせたものであること, また「同次」という概念は重要な概念の1つであることが認識してもらえたであろう.

1 階の微分方程式で考えた「同次形」(p.12) は, この観点でいうと x と y について 0 次同次であると言うことができる.

―――――――――――――

[††] 4 章の章末の問題 7 も参照せよ.

第 4 章

高階線形微分方程式

本章の目的　この章では第 3 章で述べた 2 階以上の常微分方程式のうち，特に線形の場合の解法を扱う．

「線形」の概念は「線形代数学」において学んだことであろう．これは数学の概念の中でももっとも基本的である．そして自然界の様子を表すときにもよく現れる性質でもある．

この性質が実際に微分方程式を解く場合に有効に働くことを見ながらその重要性を知ってほしい．

4.1 線形性

線形代数学において学んだ「線形性」の概念について，微分方程式の立場から改めて考えてみよう．

4.1.1 関数の一次独立性

区間 I で定義された n 個の関数 $y_1(x), y_2(x), \ldots, y_n(x)$ が区間 I で一次独立であるとは

$$C_1 y_1(x) + C_2 y_2(x) + \cdots + C_n y_n(x) = 0 \text{ がすべての } x \in I \text{ で成り立つ}$$

ような定数 $C_1, C_2, \ldots, C_n$ は

$$C_1 = C_2 = \cdots = C_n = 0 \text{ 以外にはあり得ない}$$

ことである．

関数の一次独立性を示すには上の定義を直接用いてもよいが，関数 $y_1(x)$, $y_2(x), \ldots, y_n(x)$ が区間 I で $n-1$ 階微分できるときには次のことも知られている．

> **定理 4.1** 区間 I で定義された n 個の関数 $y_1(x), y_2(x), \ldots, y_n(x)$ に対し，行列式
>
> $$W(y_1, y_2, \ldots, y_n)(x) = \begin{vmatrix} y_1(x) & y_2(x) & \cdots & y_n(x) \\ y_1'(x) & y_2'(x) & \cdots & y_n'(x) \\ \cdots\cdots\cdots\cdots\cdots\cdots\cdots\cdots\cdots\cdots\cdots\cdots\cdots \\ y_1^{(n-1)}(x) & y_2^{(n-1)}(x) & \cdots & y_n^{(n-1)}(x) \end{vmatrix} \tag{4.1}$$
>
> の値が，少なくとも1つの $x \in I$ に対して 0 でないならば，n 個の関数 $y_1(x), y_2(x), \ldots, y_n(x)$ は区間 I で一次独立である．

行列式 (4.1) をロンスキー[†] の行列式またはロンスキアンとよぶ．

[†] ロンスキー：Höené Joseph Maria Wronski (1776–1853)

4.1 線形性

---**例題 4.1**-------------------------関数の一次独立性---

次の関数の組がそれぞれ一次独立であることを示しなさい．
(1) e^x, xe^x (2) $e^x, \sin x, \cos x$

注意 特に区間を示さないときには，「実数全体において」である．

[解答] (1) ロンスキアンを計算すると

$$\begin{vmatrix} e^x & xe^x \\ e^x & (x+1)e^x \end{vmatrix} = (x+1)e^{2x} - xe^{2x} \\ = e^{2x} \neq 0 \qquad \text{(a)}$$

となって，一次独立であることがわかる．

(2) 定義が成り立つかどうか直接確かめる．定数 C_1, C_2, C_3 に対して

$$C_1 e^x + C_2 \sin x + C_3 \cos x = 0 \qquad \text{(b)}$$

とおく．これがすべての $x \in \mathbf{R}$ に対して成り立つとする．するとその特別な場合として $x=0, x=\dfrac{\pi}{2}, x=\pi$ とおいても成り立つので，連立方程式

$$\begin{cases} C_1 + C_3 = 0 \\ C_1 e^{\pi/2} + C_2 = 0 \\ C_1 e^\pi - C_3 = 0 \end{cases} \qquad \text{(c)}$$

を得る．これを解くと $C_1 = C_2 = C_3 = 0$ となる．つまり (c) が成り立つのは $C_1 = C_2 = C_3 = 0$ の場合のみである．すなわち (b) がすべての $x \in \mathbf{R}$ について成り立つのは $C_1 = C_2 = C_3 = 0$ の場合しかあり得ない．したがって $e^x, \sin x, \cos x$ が一次独立であることがわかる．

問題

1.1 次の関数の組が一次独立であることを示しなさい．
  (1) $\cos x, x\cos x, \sin x, x\sin x$ (2) e^x, x, x^2, x^3

1.2 上の例題 4.1 の (2) について，ロンスキアンを計算しなさい．

4.1.2 線形微分方程式

基本形 4.1 （線形微分方程式）

$$y^{(n)} + P_1(x)y^{(n-1)} + \cdots + P_{n-1}(x)y' + P_n(x)y = R(x) \qquad (4.2)$$

このように y（従属変数）およびその導関数についての 1 次式で表される微分方程式を**線形微分方程式**という．一般に次のことが知られている．

定理 4.2 $P_1(x), P_2(x), \ldots, P_n(x)$ および $R(x)$ が連続であれば (4.2) は常に解を持ち，初期条件を 1 つ決めるとその解はただ 1 つに決まる．特異解は存在しない．

微分方程式

$$y^{(n)} + P_1(x)y^{(n-1)} + \cdots + P_{n-1}(x)y' + P_n(x)y = 0 \qquad (4.3)$$

を (4.2) に対する**同次方程式**という．

定理 4.3 n 階線形微分方程式 (4.3) は n 個の一次独立な解 $y = y_1(x)$, $y = y_2(x), \ldots, y = y_n(x)$ を持ち，その一般解はこれらの関数の一次結合

$$y = C_1 y_1(x) + C_2 y_2(x) + \cdots + C_n y_n(x) \quad (C_1, C_2, \ldots, C_n は定数)$$

と表される．

|用語| 同次方程式 (4.3) の一般解を (4.2) の**余関数**という．

定理 4.4 $y = y_0(x)$ が n 階線形微分方程式 (4.2) の特殊解であり，$y = y_1(x)$ がその余関数であるならば，(4.2) の一般解は $y = y_0(x) + y_1(x)$ と表される．

● **数学的なポイント** ●

1 階の場合には定理 4.4 の議論は，すでに p.18 で行っている．微分方程式の「線形性」から導かれる性質である．

4.1 線形性

──例題 4.2────────────────線形微分方程式の解──

微分方程式 $(1+x)y'' + (4x+5)y' + (4x+6)y = e^{-2x}$ の一般解は
$$y = C_1 e^{-2x} + C_2 e^{-2x} \log(1+x) + x e^{-2x} \tag{a}$$
の形になることを示しなさい．

[解答] 定理 4.4 から
(1) $y = y_0(x) = x e^{-2x}$ が (a) の 1 つの特殊解であること
(2) (a) の余関数が $y = C_1 e^{-2x} + C_2 e^{-2x} \log(1+x)$ と表されることを示せばよいことがわかる．

実際，$y_0' = (1-2x)e^{-2x}$, $y_0'' = (4x-4)e^{-2x}$ だから，これらを (a) の左辺に代入すれば，$y = y_0(x)$ がその特殊解になることはすぐにわかる．

同様に，$y = y_1(x) = e^{-2x}$, $y = y_2(x) = e^{-2x} \log(1+x)$ が (a) に対応する同次方程式 $(1+x)y'' + (4x+5)y' + (4x+6)y = 0$ の解になることもわかる．さらに y_1, y_2 のロンスキアンを計算すると

$$W(y_1,y_2)(x) = \begin{vmatrix} e^{-2x} & e^{-2x}\log(1+x) \\ -2e^{-2x} & \dfrac{e^{-2x}}{1+x} - 2e^{-2x}\log(1+x) \end{vmatrix} = \dfrac{e^{-4x}}{1+x}$$

なので，例えば $x = 0$ としたとき $W(y_1,y_2)(0) = 1 \neq 0$ となって，$y_1(x)$ と $y_2(x)$ は一次独立であることがわかる．したがって，定理 4.3 から (a) の余関数が
$$y = C_1 e^{-2x} + C_2 e^{-2x} \log(1+x)$$
と表されることがわかる．

問題

2.1 微分方程式 $y'' - 2y' - 8y = e^{2x}$ の一般解は $y = C_1 e^{-2x} + C_2 e^{4x} - \dfrac{1}{8}e^{2x}$ の形になることを示しなさい．

2.2 微分方程式 $x^2 y'' + xy' - y = 2x^2$ $(x \neq 0)$ の一般解は $y = C_1 x + \dfrac{C_2}{x} + \dfrac{2}{3}x^2$ の形になることを示しなさい．

4.2 定数係数線形微分方程式
4.2.1 同 次 形

> **基本形 4.2**(定数係数線形微分方程式・同次形)
>
> $$y^{(n)} + a_1 y^{(n-1)} + a_2 y^{(n-2)} + \cdots + a_{n-1} y' + a_n y = 0 \qquad (4.4)$$
>
> ただし $a_1, a_2, \ldots$ は実数とする.

このような微分方程式については次のことが知られている.

定理 4.5 (4.4) は n 個の一次独立(4.1.1 項参照)な特殊解を持ち,一般解はそれらの線形結合で表される.

[方針] (4.4) に対して λ の代数方程式

$$\lambda^n + a_1 \lambda^{n-1} + a_2 \lambda^{n-2} + \cdots + a_{n-1} \lambda + a_n = 0 \qquad (4.5)$$

を (4.4) の**特性方程式**という.この代数方程式の

相異なる実根を $\lambda_1, \lambda_2, \ldots, \lambda_k$,その重複度をそれぞれ $m_1, m_2, \ldots, m_k$

相異なる複素根を $\lambda_{k+1}, \lambda_{k+2}, \ldots, \lambda_s$,重複度を $m_{k+1}, m_{k+2}, \ldots, m_s$

$j = k+1, k+2, \ldots, s$ に対し $\lambda_j = \alpha_j + i\beta_j$ (α_j, β_j は実数)

とする.このとき n 個の関数

$$e^{\lambda_j x},\ xe^{\lambda_j x}, \ldots, x^{m_j - 1} e^{\lambda_j x} \quad (j = 1, 2, 3, \ldots, k)$$

$$e^{\alpha_j x} \cos \beta_j x,\ xe^{\alpha_j x} \cos \beta_j x, \ldots, x^{m_j - 1} e^{\alpha_j x} \cos \beta_j x$$

$$e^{\alpha_j x} \sin \beta_j x,\ xe^{\alpha_j x} \sin \beta_j x, \ldots, x^{m_j - 1} e^{\alpha_j x} \sin \beta_j x$$

$$(j = k+1, k+2, \ldots, s)$$

は互いに一次独立であり,どれも (4.4) の解である(実際に代入してみよ).すると,定理 4.5 から,(4.4) の一般解は,これらの関数の一次結合で表される.

4.2 定数係数線形微分方程式

┌─ 例題 4.3 ─────────────── 定数係数線形微分方程式・同次形 ─┐

6 階の定数係数線形微分方程式

$$\frac{d^6y}{dx^6} - \frac{d^4y}{dx^4} - \frac{d^2y}{dx^2} + y = 0 \tag{a}$$

に対して
(1) 特性方程式を求め，その根を求めなさい．
(2) 左ページの方針にしたがって (a) の一次独立な解を 6 つ求め，それらが実際に解になっていることを確かめなさい．

└───┘

[解 答] (a) の特性方程式は

$$\lambda^6 - \lambda^4 - \lambda^2 + 1 = (\lambda^2 + 1)(\lambda - 1)^2(\lambda + 1)^2 = 0 \tag{b}$$

であるからその根は，2 重根 ± 1 および単根（1 重根）$\pm i$ である．したがって左ページの方針を用いれば

$$y = e^x,\ xe^x,\ e^{-x},\ xe^{-x}, \cos x, \sin x$$

が (a) の解となる[†]．$y = xe^{-x}$ の場合について実際に確かめよう．

$$\begin{aligned}
y' &= -xe^{-x} + e^{-x} = (-x+1)e^{-x} \\
y'' &= -(-x+1)e^{-x} - e^{-x} = (x-2)e^{-x} \\
y''' &= -(x-2)e^{-x} + e^{-x} = (-x+3)e^{-x} \\
y^{(n)} &= \left((-1)^n x - (-1)^n n\right) e^{-x}
\end{aligned}$$

となるので

$$\begin{aligned}
&y^{(6)} - y^{(4)} - y'' + y \\
&= (x-6)e^{-x} - (x-4)e^{-x} - (x-2)e^{-x} + xe^{-x} = 0
\end{aligned}$$

となって確かに $y = xe^{-x}$ が (a) の解となることがわかる．

[†] これらが一次独立であることは 4.1.1 項参照．

第4章 高階線形微分方程式

● **数学的なポイント** ●────────────────

p.66 の微分方程式

$$y^{(n)} + a_1 y^{(n-1)} + a_2 y^{(n-2)} + \cdots + a_{n-1} y' + a_n y = 0$$

の解法は複雑で覚えきれないのではないかと思う．これは一体どういう意味なのだろうか．

一番簡単な $n=1$ の場合について考えてみよう．微分方程式は

$$y' + ay = 0 \quad (a \text{ は定数})$$

となる．これは変数分離形 (p.10) であるが，特にその解法を使わなくても，$y' = -ay$ であるから，$y = Ce^{-ax}$（C は定数）の形の解を持つことは容易にわかるだろう．

続いて $n=2$ の場合についてまず次の例を考える．

$$y'' - 5y' + 6y = 0 \tag{4.6}$$

これは「y について同次形」であるが，p.56 の方法で実際に解いてみると複雑な形が出てくる．

ここで上の $n=1$ の場合を思い出してみよう．微分すると元の関数の定数倍になるような関数がこの場合にも何か使えるのではないだろうか．そこで仮に $y = e^{\lambda x}$ を (4.6) の左辺に代入してみると

$$\begin{aligned} & y'' - 5y' + 6y \\ &= e^{\lambda x}(\lambda^2 - 5\lambda + 6) \\ &= e^{\lambda x}(\lambda - 2)(\lambda - 3) \end{aligned}$$

となる．このことから特に $\lambda = 2, 3$ の場合に $y = e^{\lambda x}$ が (4.6) の解となることがわかる．これらは一次独立[†]であるから，これらの解の一次結合

$$y = C_1 e^{2x} + C_2 e^{3x} \quad (C_1, C_2 \text{ は定数}) \tag{4.7}$$

が (4.6) の一般解となる．

さて，次のような場合はどうだろうか．

$$y'' + 4y' + 5y = 0 \tag{4.8}$$

この場合も同様に $y = e^{\lambda x}$ を代入してみると

───────────────
[†] 一次独立性の定義は 4.1.1 項を参照．

4.2 定数係数線形微分方程式

$$y'' + 4y' + 5y = e^{\lambda x}(\lambda^2 + 4\lambda + 5)$$

となって，$\lambda = -2 \pm i$ (i は虚数単位) のときに $y = e^{\lambda x}$ が (4.8) を満たすことになる．ここで考えている関数は実数の範囲のみで考えているのだが，それでもこれを用いて形式的に考えてみよう．するとオイラー[†]の公式から

$$\begin{aligned}y &= C_1' e^{(-2+i)x} + C_2' e^{(-2-i)x} \\ &= e^{-2x}\left((C_1' + C_2')\cos x + i(C_1' - C_2')\sin x\right) \quad (C_1', C_2' \text{は定数})\end{aligned}$$

と (4.8) の一般解が表されることになる．あくまでも実数のみを考えたい．C_1', C_2' は任意の定数だから，特に $C_1' = C_2'$ とおいてみると，

$$y = C_1 e^{-2x}\cos x \quad (C_1 \text{ は定数})$$

という式が得られる．これは実際に代入してみてもわかるとおり，(4.8) の解となる．また $C_1' + C_2' = 0$ とおいてみると純虚数の形になるが，それに $-i$ をかけて得られる

$$y = C_2 e^{-2x}\sin x \quad (C_2 \text{ は定数})$$

も，代入してみると (4.8) の解になることがわかる．このことから (4.8) の一般解は

$$y = C_1 e^{-2x}\cos x + C_1 e^{-2x}\sin x \quad (C_1, C_2 \text{は定数})$$

となることがわかる．

さて，次のような場合はどうだろうか．

$$y'' - 6y' + 9y = 0 \tag{4.9}$$

この場合も同様に考えると $y = e^{3x}$ という解がただ 1 つ得られる．それは対応する 2 次方程式が重根を持つからである．このような場合，$y = xe^{3x}$ とおいてみるとうまくいくことが知られている．これは関数 $y = e^{3x}$ と一次独立であり，また実際に (4.9) に代入してみると，これが解になることがわかる．

以上のように 2 階の場合には随伴する 2 次方程式の根の種類によって解の状況が変わる．これを n 階の微分方程式に一般化したのが p.66 の解法である．

[†] オイラー：Leonhard Euler (1707–83)

4.2.2 微分演算子

x の関数 $y = f(x)$ に対してその導関数は $y' = \dfrac{dy}{dx} = \dfrac{d}{dx}f(x)$, 第 2 次導関数は $y'' = \dfrac{d^2y}{dx^2} = \dfrac{d^2}{dx^2}f(x)$ と表される.記号的に $D = \dfrac{d}{dx}$ と表すことにすれば

$$y' = Dy,\ y'' = D(Dy) = D^2 y,\ \cdots,\ y^{(n)} = D^n y$$

と表すことは自然であろう.さらにこの記号を用いて

$$y'' - 3y' + 2y = D^2 y - 3Dy + 2y = (D^2 - 3D + 2)y$$

などと表すことも微分の線形性を考えれば特に不自然なことではない.

一般に変数 λ の多項式

$$L(\lambda) = a_0 \lambda^n + a_1 \lambda^{n-1} + \cdots + a_{n-1} \lambda + a_n$$

に対して

$$\begin{aligned}L(D)y &= a_0 D^n y + a_1 D^{n-1} y + \cdots + a_{n-1} Dy + a_n y \\ &= a_0 \frac{d^n y}{dx^n} + a_1 \frac{d^{n-1} y}{dx^{n-1}} + \cdots + a_{n-1} \frac{dy}{dx} + a_n y\end{aligned}$$

と表すことにする.この $L(D)$ を**微分演算子**という.ただし $D^0 y = y$ と定めることにする.

この記号を用いれば,定数係数線形微分方程式はより簡単な形で表すことができる.

$$y'' - 3y' + 2y = R(x) \iff (D^2 - 3D + 2)y = R(x) \tag{4.10}$$

2 回微分することを D^2 で表したように,この微分演算子は D の「かけ算」「定数倍」「加減」の形で取り扱うことができそうである.ということは,逆に「割り算」に相当するものがあれば便利かもしれない.例えば

$$y = \left(\frac{1}{D^2 - 3D + 2}\right) R(x)$$

というもの考えられれば,(4.10) の解(特殊解)が簡単に見つけられる.

4.2 定数係数線形微分方程式

まず $Dy = f(x)$ のときを考えよう．これは $\dfrac{dy}{dx} = f(x)$ のことだから $y = \displaystyle\int f(x)dx$ である．このことから

$$\frac{1}{D}f(x) = \int f(x)dx, \quad \frac{1}{D^n}f(x) = \overbrace{\int \cdots \int}^{n\,\text{回}} f(x)dx \tag{4.11}$$

と定めるのが自然である．次に

$$\begin{aligned}D(e^{ax}g(x)) &= ae^{ax}g(x) + e^{ax}Dg(x) \\ &= e^{ax}(D+a)g(x)\end{aligned} \tag{4.12}$$

である．$D^2(e^{ax}g(x))$, $D^3(e^{ax}g(x))\ldots$ と順に計算していけば

$$(D+a)^n g(x) = e^{-ax}D^n(e^{ax}g(x)) \tag{4.13}$$

となることがわかる．(4.13) の両辺を $f(x)$ とおけば，(4.11) を用いて

$$\frac{1}{D+a}f(x) = e^{-ax}\int e^{ax}f(x)dx \tag{4.14}$$

$$\frac{1}{(D+a)^n}f(x) = e^{-ax}\overbrace{\int \cdots \int}^{n\,\text{回}} e^{ax}f(x)dx \tag{4.15}$$

と定めればよいことがわかるだろう．

● **数学的なポイント** ●────────────

x の関数 y に対してその導関数 y' を対応させることを考える．この対応を D で表すことにする．すなわち $y' = Dy$ である．このような対応（写像）を**微分演算子**，または**微分作用素**という．y に対してその第 2 次導関数 y'' を対応させることを考えると，これは「2 回微分する」すなわち D という演算子を 2 回施したことであり，D と D の合成写像を施したとも言えるから $y'' = D^2 y$ と表すことは妥当である．ここではこのような**作用素**およびその**逆作用素**を考えている．本来はその定義域・値域が問題であるが，本書では「十分いい性質を持った関数」を主に考えることにして，あまり精密な議論には深入りしないことにする．

次に $g(x) = \dfrac{1}{D^2 - 3D + 2}f(x)$ について考えてみよう．この g は

$$f(x) = (D^2 - 3D + 2)g(x) = (D-2)(D-1)g(x)$$

を満たす関数であるから

$$g(x) = \frac{1}{D^2 - 3D + 2}f(x) = \frac{1}{D-1}\left(\frac{1}{D-2}f(x)\right) \tag{4.16}$$

として計算してもよいが，次のようなこともわかる．

定理 4.6 $a \neq b$ のとき，次式が成り立つ．

$$\frac{1}{(D-a)(D-b)}f(x) = \frac{1}{a-b}\left(\frac{1}{D-a}f(x) - \frac{1}{D-b}f(x)\right)$$

実際，$(D-a)(D-b)\left\{\dfrac{1}{a-b}\left(\dfrac{1}{D-a}f(x) - \dfrac{1}{D-b}f(x)\right)\right\} = f(x)$ となるからこれは正しい．

(4.16) のように考えれば 2 重に積分を行わなくてはならないが，この定理を用いれば，部分分数分解を用いることによって，何重にも積分をしなくても済むようにできることがわかる．

このように微分演算子 D は文字式と見ての等式変形がそのまま適用できることが多い．次のことも知られている．

定理 4.7 関数 $f(x)$ が x の多項式であるとする．λ の多項式 $L(\lambda)$ が，$L(0) \neq 0$ であり

$$\frac{1}{L(\lambda)} = a_0 + a_1\lambda + a_2\lambda^2 + a_3\lambda^3 + \cdots \tag{4.17}$$

と展開されるとき

$$\frac{1}{L(D)}f(x) = a_0 f(x) + a_1 Df(x) + a_2 D^2 f(x) + a_3 D^3 f(x) + \cdots \tag{4.18}$$

が成り立つ．

(4.18) の右辺は一見，無限項あるようだが，f が多項式ならば実際には有限個を除いてあとは 0 になる．

4.2 定数係数線形微分方程式

---例題 4.4―――――――――――――微分演算子の扱い方―

次の式を計算しなさい．

(1) $\dfrac{1}{D^2 - 5D + 4} x e^x$ (2) $\dfrac{1}{D^3 + 2}(x^3 + 2x)$

[解 答] (1) (4.14) および定理 4.6 を用いると次のようになる．

$$\begin{aligned}\dfrac{1}{D^2 - 5D + 4} x e^x &= \dfrac{1}{3}\left(\dfrac{1}{D-4} - \dfrac{1}{D-1}\right) x e^x \\ &= \dfrac{1}{3}\left(e^{4x}\int e^{-4x} x e^x dx - e^x \int e^{-x} x e^x dx\right) \\ &= -\left(\dfrac{x^2}{6} + \dfrac{x}{9} + \dfrac{1}{27}\right) e^x\end{aligned}$$

(2) 定理 4.7 と等比数列の和の公式を用いると次のようになる．

$$\begin{aligned}\dfrac{1}{D^3 + 2}(x^3 + 2x) &= \dfrac{1}{2} \times \dfrac{1}{1 - \left(-\dfrac{D^3}{2}\right)}(x^3 + 2x) \\ &= \dfrac{1}{2}\left\{1 + \left(-\dfrac{D^3}{2}\right) + \left(-\dfrac{D^3}{2}\right)^2 + \left(-\dfrac{D^3}{2}\right)^3 + \cdots\right\}(x^3 + 2x) \\ &= \dfrac{1}{2}\left(x^3 + 2x - 3\right) = \dfrac{x^3}{2} + x - \dfrac{3}{2}\end{aligned}$$

● 数学的なポイント ●―――――――――――――――――――――

これまで何の断りもなく用いたが，一般に λ の多項式 $L(\lambda)$ に対して

$$L(D)\left(\dfrac{1}{L(D)}f(x)\right) = f(x) \quad \text{であるが} \quad \dfrac{1}{L(D)}\bigl(L(D)f(x)\bigr) = f(x) + r(x)$$

となる．ここで $r(x)$ は $L(D)r(x) = 0$ を満たす任意の関数，言い換えれば $L(D)y = 0$ の一般解，$L(D)y = R(x)$ の余関数である．しかし相異なる多項式 $L_1(\lambda), L_2(\lambda)$ に対しては，積分定数を無視すれば

$$L_1(D)\left(\dfrac{1}{L_2(D)}f(x)\right) = \dfrac{1}{L_2(D)}\bigl(L_1(D)f(x)\bigr) \quad \left(= \dfrac{L_1(D)}{L_2(D)}f(x) \text{ と表してよい}\right)$$

である．ただし「約分」はできない．

4.2.3 非同次形 ―― 記号的解法 ――

基本形 4.3（定数係数線形微分方程式）
$$D^n y + a_1 D^{n-1} y + \cdots + a_{n-1} D y + a_n y = R(x) \tag{4.19}$$

[方針] この微分方程式は基本形 4.1 のうち定数係数の場合である．したがって定理 4.4 から**特殊解**を 1 つと余関数を求めれば，その和としてこの方程式の解が求められることがわかる．余関数の求め方は 4.2.1 項（p.66, 68）に詳しく述べられている．特殊解を求めるために前項の方法を用いる．

ここでさらに次の公式も挙げておこう．証明は具体的に計算すればよい．

定理 4.8 定数 a が $L(D+a) \neq 0$ を満たすとする．このとき次が成り立つ．
$$L(D)\Big[e^{ax} f(x)\Big] = e^{ax}\Big[L(D+a) f(x)\Big]$$
$$\frac{1}{L(D)}\Big[e^{ax} f(x)\Big] = e^{ax}\Big[\frac{1}{L(D+a)} f(x)\Big]$$

定理 4.9 定数 a, b に対して次が成り立つ．
$$L(D^2) \sin(ax+b) = L(-a^2) \sin(ax+b) \tag{4.20}$$
$$\frac{1}{L(D^2)} \sin(ax+b) = \frac{1}{L(-a^2)} \sin(ax+b) \quad (L(-a^2) \neq 0) \tag{4.21}$$

|注意| b が任意であることから sin を cos に代えてもこの公式は成り立つ．

定理 4.10 定数 a に対して次が成り立つ．
$$\frac{1}{D^2 + a^2} \sin ax = -\frac{1}{2a} x \cos ax \tag{4.22}$$
$$\frac{1}{D^2 + a^2} \cos ax = \frac{1}{2a} x \sin ax \tag{4.23}$$

4.2 定数係数線形微分方程式

─ 例題 4.5 ─────────── 定数係数線形微分方程式・記号的解法 ─

次の微分方程式を解きなさい.
$$y'' - y' + y = \sin 2x \tag{a}$$

[解答] この微分方程式は $(D^2 - D + 1)y = \sin 2x$ と表すことができる. これに対する同次方程式の特性方程式は $\lambda^2 - \lambda + 1 = 0$ であることから, p.66 の方法によって余関数が

$$y = e^{x/2}\left(C_1 \cos \frac{\sqrt{3}}{2}x + C_2 \sin \frac{\sqrt{3}}{2}x\right) \tag{b}$$

となることがわかる. 特殊解は前項の議論を用いれば $y = \dfrac{1}{D^2 - D + 1}\sin 2x$ で得られる. これは

$$\frac{1}{D^2 - D + 1}\sin 2x = \frac{1}{D^2 + 1 - D}\sin 2x = \frac{(D^2+1)+D}{((D^2+1)^2 - D^2)}\sin 2x$$

$$= \frac{D^2+1}{((D^2+1)^2 - D^2)}\sin 2x + \frac{1}{((D^2+1)^2 - D^2)}D\sin 2x$$

$$= \frac{D^2+1}{((D^2+1)^2 - D^2)}\sin 2x + \frac{1}{((D^2+1)^2 - D^2)}2\cos 2x$$

と変形し, 定理 4.9 を用いると

$$= \frac{-4+1}{((-4+1)^2 - (-4))}\sin 2x + \frac{2}{((-4+1)^2 - (-4))}\cos 2x$$

と計算できる. したがって求める一般解は

$$y = e^{x/2}\left(C_1 \cos \frac{\sqrt{3}}{2}x + C_2 \sin \frac{\sqrt{3}}{2}x\right) - \frac{1}{13}(3\sin 2x + 2\cos 2x) \tag{c}$$

となる.

～～ 問 題 ～～～～～～～～～～～～～～～～～～～～～～～～

5.1 次の微分方程式を解きなさい.

(1) $y''' + 3y'' - 4y' - 12y = \cos 4x$ (2) $y^{(4)} + 5y'' + 4y = \sin 3x$

4.3 2階線形微分方程式

この節では特に物理などでよく現れる，2階線形微分方程式，特に次のように y や y' の係数が x の関数になっている場合について考える．

基本形 4.4（2階線形微分方程式）

$$L(y) = y'' + P(x)y' + Q(x)y = R(x) \tag{4.24}$$

4.3.1 対応する同次方程式の解が1つわかっている場合

対応する同次方程式 $L(y)=0$ の特殊解が1つわかっているとき，それを $y=v(x)$ とする．つまり $v(x)$ は $L(v) = v''(x) + P(x)v'(x) + Q(x)v(x) = 0$ を満たすとする．このとき任意の定数 K に対して $y = Kv(x)$ も $L(y) = 0$ の解である．ここで K を関数と見なす，すなわち $y = u(x)v(x)$ とおいて (4.24) に代入して整理すると

$$u'' + \left(\frac{2v'}{v} + P\right)u' = \frac{R}{v}$$

となる．これは u' に関する1階の線形微分方程式であるから，2.2.1項の方法を用いれば解ける．この解法は**定数変化法**である．2.2.1項の解法と比べてみよう．

● **数学的なポイント** ●―――――――――

問題は同次方程式 $L(y) = 0$ の解がすぐに見つけられるかどうかであろう．一般に P, Q が $m(m-1) + mxP + x^2Q = 0$ を満たすときには $y = x^m$ が，$l^2 + lP + Q = 0$ を満たすときには $y = e^{lx}$ が $L(y) = 0$ の解となることがわかる．$l, m = \pm 1, 2, 3, \frac{1}{2}$ のときに，このことを確かめてみよう．

4.3 2階線形微分方程式

─ 例題 4.6 ──────────────────── 2階線形微分方程式 ─
定数変化法を用いて，次の微分方程式を解きなさい．
$$y'' - \frac{2x}{x^2+1}y' + \frac{2}{x^2+1}y = 6(x^2+1) \qquad (a)$$

[解答] これは，左ページの「数学的なポイント」で $m=1$ の場合になることがわかる．したがって $y=x$ がこの (a) に対する同次微分方程式
$$y'' - \frac{2x}{x^2+1}y' + \frac{2}{x^2+1}y = 0 \qquad (b)$$
の解であることがわかる．そこで $y=ux$ とおくと $y'=u+u'x$, $y''=2u'+u''x$ となるのでこれらを (a) に代入すると
$$x\frac{d^2u}{dx^2} + \left(2 - \frac{2x^2}{x^2+1}\right)\frac{du}{dx} = 6(x^2+1)$$
となる．基本形 3.5 (p.54) のように $u'=p$ とおけば
$$\frac{dp}{dx} + \left(\frac{2}{x} - \frac{2x}{x^2+1}\right)p = \frac{6(x^2+1)}{x} \qquad (c)$$
となる．これは1階線形微分方程式なので p.16 の解法を用いると $p = 3(x^2+1) + \dfrac{C(x^2+1)}{x^2}$ となり，$u = x^3 + (C_1+3)x - \dfrac{C_1}{x} + C_2$ すなわち $y = x^4 + (C_1+3)x^2 + C_2 x - C_1$ と一般解を得る．

～～ 問題[†] ～～～～～～～～～～～～～～～～～～～～～～～～

6.1 次の微分方程式を解きなさい．
 (1) $(1+x^2)y'' - 2xy' + 2y = 0$ (2) $4x^2 y'' + 4xy' - y = 0$
 (3) $(1-x)y'' + xy' - y = (1-x)^2$ (4) $y'' - \dfrac{3}{x}y' + \dfrac{3}{x^2}y = 2x-1$

6.2 次の微分方程式を解きなさい．
 (1) $y'' - \dfrac{1+x}{x}y' + \dfrac{1}{x}y = 0$ (2) $y'' - \dfrac{x+3}{x}y' + \dfrac{3}{x}y = x^3 e^x$

6.3 微分方程式 $y''\cos x + y'\sin x + \dfrac{y}{\cos x} = 0$ を解きなさい．

[†] 「演習と応用微分方程式」p.52 の問題 7.1, 「演習微分方程式」p.61 の問題 6.1, 6.2, 6.3 を参照.

4.3.2 対応する同次方程式の解が 2 つわかっている場合

2 階線形微分方程式

$$L(y) = y'' + P(x)y' + Q(x) = R(x) \tag{4.25}$$

について，対応する同次方程式 $L(y) = 0$ の一次独立な 2 つの解 $y = v_1(x)$，$y = v_2(x)$ がわかっている場合を考える．このとき，定理 4.3 から $L(y) = 0$ の一般解 ((4.25) の余関数) は $y = C_1 v_1(x) + C_2 v_2(x)$ と表されるから，あとは (4.25) の特殊解が 1 つ得られれば，定理 4.4 から (4.25) の一般解が求められる．

(4.25) の特殊解を求めるために，**定数変化法**を用いる．すなわち

$$y = u_1(x)v_1(x) + u_2(x)v_2(x) \tag{4.26}$$

とおいて (4.25) に代入することを考える．このまま計算すると y', y'' が複雑になるので，特に u_1, u_2 について

$$u_1' v_1 + u_2' v_2 = 0 \tag{4.27}$$

が成り立つものを求めることにする．このとき (4.25) の左辺に (4.26) を代入すると $L(y) = u_1' v_1' + u_2' v_2'$ を得るので

$$u_1' v_1' + u_2' v_2' = R(x) \tag{4.28}$$

を満たすように u_1, u_2 を定めれば，$y = u_1(x)v_1(x) + u_2(x)v_2(x)$ は (4.25) の 1 つの解になることがわかる．

(4.27) と (4.28) の両方が成り立つ u_1, u_2 を求める．v_1, v_2 はすでにわかっているので，これは単なる連立（代数）方程式にほかならない．さらに v_1 と v_2 は一次独立なのでロンスキアンは $W(v_1, v_2) = v_1 v_2' - v_1' v_2 \neq 0$ を満たす．したがって (4.27), (4.28) の連立方程式は一意的に解くことができて

$$u_1'(x) = -\frac{R(x)v_2}{W(v_1, v_2)}, \quad u_2'(x) = \frac{R(x)v_1}{W(v_1, v_2)} \tag{4.29}$$

を得る．これらから u_1, u_2 を求め (4.26) に代入すれば (4.25) の特殊解が 1 つ求められることになる．

4.3 2階線形微分方程式

---**例題 4.7**-----------------------余関数がわかっている場合---

次の微分方程式を解きなさい.
$$y'' - 2y' + y = e^x \log x$$

[解 答] この微分方程式に対する同次方程式 $y'' - 2y' + y = 0$ の特性方程式は $\lambda^2 - 2\lambda + 1 = 0$ であるから,同次方程式の一次独立な解として $y = v_1(x) = e^x$ と $y = v_2(x) = xe^x$ が挙げられる.このとき

$$W(e^x, xe^x) = \begin{vmatrix} e^x & xe^x \\ e^x & e^x + xe^x \end{vmatrix} = e^{2x} \tag{a}$$

となるので,左ページの結果を用いれば

$$u_1(x) = -\int \frac{xe^x e^x \log x}{e^{2x}} dx = -\int x \log x \, dx = -\frac{x^2}{4}(2\log x - 1)$$

$$u_2(x) = \int \frac{e^x e^x \log x}{e^{2x}} dx = \int \log x \, dx = x(\log x - 1)$$

となる.よってこの微分方程式の特殊解として

$$y = u_1(x)v_1(x) + u_2(x)v_2(x) = x^2 e^x \left(\frac{1}{2}\log x - \frac{3}{4}\right) \tag{b}$$

が得られる.したがって求める一般解は

$$y = C_1 e^x + C_2 xe^x + x^2 e^x \left(\frac{1}{2}\log x - \frac{3}{4}\right) \tag{c}$$

となる.

❦❦ **問 題** ❦❦❦❦❦❦❦❦❦❦❦❦❦❦❦❦❦❦❦❦❦❦❦❦❦❦❦

7.1 次の微分方程式を解きなさい[†].

(1) $y'' - 2y + y = e^x \cos x$ (2) $y'' + y = \tan x$

(3) $x^2 y'' + xy' - 4y = x^3$ (4) $x^2 y'' - 3xy' + 3y = x^2(2x - 1)$

[†] 「演習微分方程式」p.63 の問題 8.1, 8.2 を参照.

演習問題

1[†] 次の微分方程式を解きなさい．
  (1) $y''' + 2y'' - y' - 2y = e^{2x}$
  (2) $y''' - 3y'' + 3y' - y = e^x$
  (3) $y''' + 3y'' - 4y' - 12y = e^{5x}$
  (4) $y''' - 6y'' + 11y' - 6y = e^{4x}$
  (5) $y'' + 5y' + 6y = e^{5x} + e^{-x}$
  (6) $y'' - 4y = 3e^{2x} + 4e^{-x}$

2[†] 次の微分方程式を解きなさい．
  (1) $y' - y = x^3 + 2x$
  (2) $y''' - 4y' = 5x^3 + 2$
  (3) $y''' - 7y'' + 6y = x^2$
  (4) $y''' + 4y'' + 3y' = x^3$
  (5) $y'' - 3y'' + 4y' - 2y = x^2 + e^x$
  (6) $y''' - 2y' = e^{2x} - x$
  (7) $y^{(5)} - 2y^{(4)} + y''' = x^2 + e^{2x}$

3[†] 次の微分方程式を解きなさい．
  (1) $y'' - 2y' + y = x^3 e^x$
  (2) $y''' - y'' - y' + y = xe^{2x}$
  (3) $y''' - 6y'' + 12y' - 8y = x^2 e^{2x}$
  (4) $y''' + 3y'' + 3y' + y = x^2 e^{-2x}$

4 次の微分方程式を解きなさい．
  (1) $y''' + y'' - y' - y = \sin^2 x$
  (2) $y'' - 3y' + 2y = e^x + \cos x$
  (3) $y''' - 2y' + 4y = e^x \cos x$
  (4) $y'' - 3y' + 2y = e^{4x} \sin x$
  (5) $y' - 4y' + 3y = e^x \cos 2x + \cos 4x$
  (6) $y''' - y' = x^2 e^x - e^x \cos x$

5 $y = y_1(x)$ が1つの解であることを用いて次の微分方程式を解きなさい．
  (1) $y'' + y = 0, \quad y_1(x) = \cos x$
  (2) $(2x - x^2)y'' + 2(x-1)y' - 2y = 0, \quad y_1(x) = x - 1$

6 次の微分方程式を定数変化法を用いて解きなさい．
  (1) $y'' + y = 2\sin x \sin 2x$
  (2) $y'' + 3y' + 2y = xe^{2x}$
  (3) $x^2 y'' - 2y = 2x^2$
  (4) $x^2 y'' + 4xy' + 2y = e^x$

7 微分方程式 $x^n y^{(n)} + a_1 x^{n-1} y^{(n-1)} + \cdots + a_{n-1} xy' + a_n y = R(x)$ において，$x = e^t$ とおくと定数係数線形微分方程式に変換されることを示しなさい[††]．さらにこれを用いて3章の章末の演習問題1 (p.60) の微分方程式を解きなさい．

8 次の微分方程式を解きなさい（演習問題7を使ってもよい）．
  (1) $x^2 y'' - xy' + y = x$
  (2) $x^2 y'' + 4xy' + 2y = e^x$
  (3) $x^2 y'' + 4xy' + 2y = 1/x$
  (4) $y'' - (3/x)y' + (3/x^2)y = 2x - 1$
  (5) $x^2 y'' + y = 2\log x$
  (6) $x^2 y'' + xy' + y = \log x$

---

† **1**：例題 4(1) を参照．**2**：例題 4(2) を参照．**3**：定理 4.8 を用いる．

†† この形は「コーシーの微分方程式」あるいは「オイラーの微分方程式」とよばれる．

第 5 章

整級数による解法

本章の目的　すでに微分積分学でテーラー級数・テーラー展開を学んだことだろう．これは，それ自体でも驚くべきことであるかもしれないし，すでに複素関数論を学んでいるならばその理論的な意味合いも感じているかもしれない．しかし大多数の人にとっては，なぜ，何のために必要なのかがはっきりしなかったのではないだろうか．

　この章ではこのような整級数を微分方程式の解法に応用することを考える．それによってもたらされる結果は単に微分方程式を解くだけでなく，新たに数学の世界を広げていくことになる．

5.1 整級数による解法

5.1.1 正則点における整級数解

関数 $f(x)$ の定義域の点 $x = x_0$ をとる．f が「x_0 の近くの x」[†]に対して

$$f(x) = \sum_{n=0}^{\infty} a_n(x-x_0)^n = a_0 + a_1(x-x_0) + a_2(x-x_0)^2 + \cdots$$

と展開される（右辺の整級数が収束して左辺と等しい）とき，f は $x = x_0$ で**解析的**であるという．

> **基本形 5.1**（正則点の近傍における解法）
>
> $$y^{(n)} + P_1(x)y^{(n-1)} + \cdots + P_{n-1}(x)y' + P_n(x)y = R(x) \quad (5.1)$$
>
> $P_1(x), P_2(x), \ldots, P_n(x), R(x)$ は $x = x_0$ で解析的 $\quad (5.2)$

用語 このような場合に，$x = x_0$ はこの微分方程式の**正則点**であるという．これが成り立たないとき，$x = x_0$ はこの微分方程式の**特異点**であるという．

[方針] 次の定理が知られている．

定理 5.1 微分方程式 (5.1) が (5.2) を満たすとき，この微分方程式の解はやはり $x = x_0$ で解析的である．

この定理から (5.1) の解は

$$\begin{aligned} y &= \sum_{n=0}^{\infty} c_n(x-x_0) \\ &= c_0 + c_1(x-x_0) + c_2(x-x_0)^2 + \cdots \end{aligned} \quad (5.3)$$

と表される．したがって (5.1) において $P_1, P_2, \ldots, R$ をそれぞれ $x = x_0$ のまわりで整級数に展開（テーラー展開）し，(5.3) を (5.1) に代入してその係数を決定する．具体例を見てみよう．

[†] 適当な $r > 0$ をうまく決めたとき，$|x - x_0| < r$ なるすべての x．

5.1 整級数による解法

───例題 5.1─────────────────────正則点における級数解───
$x=0$ のまわりの整級数を用いて,微分方程式 $y'+y=x^2$ を解きなさい.

[解答] $x=0$ はこの微分方程式の正則点であることはすぐにわかる.そこで $x_0=0$ とおいて (5.3) を代入してみると

$$(c_0+c_1x+c_2x^2+c_3x^3+\cdots)+(c_1+2c_2x+3c_3x^2+\cdots)$$
$$=(c_0+c_1)+(c_1+2c_2)x+(c_2+3c_3)x^2+(c_3+4c_4)x^3+\cdots=x^2$$

となる.両辺の係数を比較すると,

$$c_0+c_1=0,\ c_1+2c_2=0,\ c_2+3c_3=1,\ c_3+4c_4=0,\ c_4+5c_5=0,\cdots$$

となる.この連立方程式は,変数の数よりも方程式の数の方が 1 つ少ないので,$c_1,c_2,c_3\ldots$ を c_0 で表すことにすると

$$c_1=-c_0,\ c_2=-\frac{c_1}{2}=\frac{c_0}{2},\ c_3=-\frac{1}{3}-\frac{c_2}{3}=\frac{1}{3}-\frac{c_0}{3\cdot 2},$$
$$c_4=\frac{1}{4\cdot 3}+\frac{c_0}{4\cdot 3\cdot 2},\cdots,c_n=(c_0+2)\frac{(-1)^n}{n!}\quad(n\geq 3)$$

を得る.したがって求める解は

$$y=c_0(1-x+\frac{1}{2}x^2)+(c_0+2)\sum_{n=3}^{\infty}\frac{(-1)^n}{n!}x^n$$
$$=(c_0+2)\sum_{n=0}^{\infty}\frac{(-1)^n}{n!}x^n-2\left(1-x+\frac{1}{2}x^2\right)$$

$C=c_0+2$ とおけば $y=x^2-2x+2+Ce^{-x}$ と求める一般解を得る.

問題

1.1 $x=0$ のまわりの整級数を用いて次の微分方程式を解きなさい.
 (1) $(1+x)y'-y=x(x+1)$ (2) $y'+2xy=1$

1.2 $x=1$ のまわりの整級数を用いて,微分方程式 $xy'=x+y$ を解きなさい.

5.1.2 確定特異点における整級数解

> **基本形 5.2** （確定特異点の近傍における解法）
>
> $$y'' + P(x)y' + Q(x)y = 0 \tag{5.4}$$
> $(x-x_0)P(x), (x-x_0)^2 Q(x)$ は $x=x_0$ で解析的

より一般に，微分方程式

$$y^{(n)} + P_1(x)y^{(n-1)} + \cdots + P_{n-1}(x)y' + P_n(x)y = R(x)$$

に対し，$x = x_0$ がその特異点であるが

$$(x-x_0)P_1(x), (x-x_0)^2 P_2(x), \ldots, (x-x_0)^n P_n(x) \text{ は } x = x_0 \text{ で解析的}$$

であるとき，特にこの特異点を**確定特異点**とよぶ．

基本形として挙げたのは $n=2$ の場合である．微分方程式 (5.4) を解く方法を考えてみよう．

両辺に $(x-x_0)^2$ をかければ，$x=x_0$ で解析的な関数 $p(x), q(x)$ を用いて (5.4) は次のように変形できる．

$$(x-x_0)^2 y'' + (x-x_0)p(x)y' + q(x)y = 0 \tag{5.5}$$

$p(x), q(x)$ は解析的である．よってこの微分方程式の解 y およびその導関数 y', y'' は，やはり解析的であり，なおかつこの微分方程式は，適当な λ に対して

$$y = (x-x_0)^\lambda \sum_{n=0}^{\infty} c_n (x-x_0)^n \tag{5.6}$$

という形の解を持つのではないかと予想される．実際にはその予想は完全に正しいとまではいえないのだが，(5.6) を (5.5) に代入してみると，次のことがわかる．

定理 5.2 (5.5) において $p(x), q(x)$ は $x = x_0$ で解析的,それぞれが

$$p(x) = \sum_{n=0}^{\infty} a_n (x - x_0)^n, \quad q(x) = \sum_{n=0}^{\infty} b_n (x - x_0)^n \tag{5.7}$$

と展開されるとする.このとき (5.5) は (5.6) の形の解を持つ.ただし λ は次の方程式の根である.

$$\lambda^2 + (a_0 - 1)\lambda + b_0 = 0 \tag{5.8}$$

方程式 (5.8) を微分方程式 (5.5) の**決定方程式**とよぶ.ちなみに,(5.7) から $a_0 = p(x_0), b_0 = q(x_0)$ である.

[**方針**] 上の定理から特殊解を求めるが,本節では (5.8) が異なる 2 つの実根 λ_1, λ_2 を持つ場合のみについて述べる.(5.5) すなわち (5.4) は 2 階線形同次形なので,一次独立な特殊解が 2 つ見つかれば一般解が求まる[†].

(1) $\lambda_1 - \lambda_2$ が整数でないとき,この λ_1, λ_2 に対する級数解

$$\begin{aligned} y_1 &= (x - x_0)^{\lambda_1} \sum_{n=0}^{\infty} c_n (x - x_0)^n \\ y_2 &= (x - x_0)^{\lambda_2} \sum_{n=0}^{\infty} d_n (x - x_0)^n \end{aligned} \tag{5.9}$$

は互いに一次独立なので,一般解は $y = C_1 y_1 + C_2 y_2$ と求められる.

(2) $\lambda_1 - \lambda_2 > 0$ が整数のときは

$$y_1 = (x - x_0)^{\lambda_1} \sum_{n=0}^{\infty} c_n (x - x_0)^n \tag{5.10}$$

$$y_2 = c y_1(x) \log(x - x_0) + (x - x_0)^{\lambda_2} \sum_{n=0}^{\infty} d_n (x - x_0)^n \tag{5.11}$$

という形の互いに一次独立な (5.5) の解がある[††].

級数解を求めるのは 5.1.1 項と同様に (5.6) を代入して係数を決めればよい.また,λ_1 または λ_2 に対する特殊解を用い,4.3.1 項の方法を用いてもよい.

[†] p.64 参照.
[††] 小泉澄之「常微分方程式」(サイエンス社) 第 3 章 3.3 節を参照.

---例題 5.2----------------------------------確定特異点を持つ場合---

次の微分方程式を解きなさい．
$$y'' + \frac{1}{2x}y' + \frac{1}{4x}y = 0 \qquad (a)$$

[解 答] (a) は，両辺に x^2 をかけて
$$x^2 y'' + \frac{x}{2}y' + \frac{x}{4}y = 0 \qquad (b)$$
と変形される．したがって $x=0$ はこの微分方程式の確定特異点であり，その決定方程式は $\lambda^2 + \left(\frac{1}{2} - 1\right)\lambda = 0$ となるのでこれを解けば $\lambda = \frac{1}{2}, 0$ を得る．これらの差は整数ではない．そこで $\lambda = \frac{1}{2}$ から
$$y = (x-0)^{1/2} \sum_{n=0}^{\infty} c_n (x-0)^n = x^{1/2} \sum_{n=0}^{\infty} c_n x^n \qquad (c)$$
とおく．これを (a) に代入すれば

$y'' + \dfrac{1}{2x}y' + \dfrac{1}{4x}y$
$= \sum_{n=0}^{\infty}\left(n^2 - \dfrac{1}{4}\right)C_n x^{n-3/2} + \sum_{n=0}^{\infty} \dfrac{1}{2}\left(n + \dfrac{1}{2}\right)C_n x^{n-3/2} + \sum_{n=0}^{\infty} \dfrac{1}{4}C_n x^{n-1/2}$

3番目の和において，番号を1つずらすと

$= \sum_{n=0}^{\infty}\left(n^2 - \dfrac{1}{4}\right)C_n x^{n-3/2} + \sum_{n=0}^{\infty} \dfrac{1}{2}\left(n + \dfrac{1}{2}\right)C_n x^{n-3/2} + \sum_{n=1}^{\infty} \dfrac{1}{4}C_{n-1} x^{n-3/2}$
$= \left\{\left(-\dfrac{1}{4}\right)C_0 + \dfrac{1}{4}C_0\right\} x^{-3/2}$
$\quad + \sum_{n=1}^{\infty} \left\{\left(n^2 - \dfrac{1}{4}\right)C_n + \dfrac{1}{2}\left(n + \dfrac{1}{2}\right)C_n + \dfrac{1}{4}C_{n-1}\right\} x^{n-3/2} = 0$

となる．両辺の係数を比較すれば
$$\left\{\left(n^2 - \frac{1}{4}\right) + \frac{1}{2}\left(n + \frac{1}{2}\right)\right\}C_n + \frac{1}{4}C_{n-1} = 0 \quad (n = 1, 2, 3, \ldots) \qquad (d)$$

5.1 整級数による解法

という関係式を得る．この漸化式に $n = 1, 2, 3, \ldots$ を順に代入すると $c_1, c_2, \cdots$ は c_0 を用いて

$$c_1 = -\frac{c_0}{3!}, \; c_2 = \frac{c_0}{5!}, \ldots, c_n = \frac{(-1)^n c_0}{(2n+1)!}, \cdots \tag{e}$$

と表される．これを (c) に代入すると

$$y = c_0 \left(1 - \frac{(\sqrt{x})^3}{3!} + \frac{(\sqrt{x})^5}{5!} - \frac{(\sqrt{x})^7}{7!} + \cdots \right) = c_0 \sin\sqrt{x} \tag{f}$$

がこの微分方程式の 1 つの解であることがわかる．

$\lambda = 0$ から同じように

$$y = (x-0)^0 \sum_{n=0}^{\infty} d_n (x-0)^n = \sum_{n=0}^{\infty} c_n x^n \tag{g}$$

とおいて (a) に代入すれば，$y = d_0 \cos\sqrt{x}$ がやはり (c) の解であることがわかる．$y = \sin\sqrt{x}$ と $y = d_0 \cos\sqrt{x}$ は，ロンスキアン（4.1.1 項，p.62）を計算してみれば一次独立であるとわかるから，求める一般解は

$$y = C_0 \cos\sqrt{x} + C_1 \sin\sqrt{x} \quad (C_0, C_1 \text{ は定数}) \tag{h}$$

となることがわかる．

● **数学的なポイント** ●────────────────────────

この解答例では，整級数の係数を決めるために $\sum$ の番号を 1 つずらして同類項をまとめやすくして (d) の形を導いた．しかしスペースが許せば，$\sum$ の記号を用いないで書き出してみた方がわかりやすいかもしれない．

~~~ 問 題[†] ~~~~~~~~~~~~~~~~~~~~~~~~~~~~

2.1 次の微分方程式を解きなさい．
(1) $2xy'' + (1-2x)y' - y = 0$ (2) $xy'' + 2y' + xy = 0$
(3) $xy'' + y = 0$ (4) $x^2 y'' + (x^2 + x)y' - y = 0$
(5) $x^2 y'' + 3xy' - 3y = 0$ (6) $x^2 y'' - (x^2 + 4x)y' + 4y = 0$

───────────────
[†] 整級数を用いて特殊解を 1 つだけ求め，4.3.1 項の方法を用いてもよい．「演習と応用微分方程式」p.75 問題 3.1, 3.2 参照．

5.2 ルジャンドルの微分方程式

2階線形微分方程式

$$(1-x^2)y'' - 2xy' + \alpha(\alpha+1)y = 0 \tag{5.12}$$

を，ルジャンドルの微分方程式[†]という．$x=0$ はこの微分方程式の正則点であるから，5.1.1項で述べたように，$y = \sum_{n=0}^{\infty} c_n x^n$ を (5.12) に代入して，係数を比較すると，各 n に対して

$$(n+2)(n+1)c_{n+2} + (\alpha+n+1)(\alpha-n)c_n = 0 \tag{5.13}$$

という関係式が得られる．これから次のようになる．

$$c_2 = -\frac{(\alpha+1)(\alpha-0)}{2\cdot 1}c_0, \; c_4 = -\frac{(\alpha+3)(\alpha-2)}{4\cdot 3}c_2,$$

$$c_6 = -\frac{(\alpha+5)(\alpha-4)}{6\cdot 5}c_4, \ldots$$

$$c_3 = -\frac{(\alpha+2)(\alpha-1)}{3\cdot 2}c_1, \; c_5 = -\frac{(\alpha+4)(\alpha-3)}{5\cdot 4}c_3,$$

$$c_7 = -\frac{(\alpha+6)(\alpha-5)}{7\cdot 6}c_5, \ldots$$

一般に偶数番目と奇数番目の項の係数はそれぞれ次のように求められる．

$$\frac{c_{2k}}{c_0} = \frac{(-1)^k(\alpha+2k-1)(\alpha+2k-3)\cdots(\alpha+1)\alpha(\alpha-2)\cdots(\alpha-2k+2)}{(2k)!}$$

$$\frac{c_{2k+1}}{c_1}$$
$$= \frac{(-1)^k(\alpha+2k)(\alpha+2k-2)\cdots(\alpha+2)(\alpha-1)(\alpha-3)\cdots(\alpha-2k+1)}{(2k+1)!}$$

簡単のためにこの式を $c_{2k} = a_k(\alpha)c_0, \; c_{2k+1} = b_k(\alpha)c_1$ とおくと，(5.12) は

$$y = c_0 \sum_{k=0}^{\infty} a_k(\alpha)x^{2k} + c_1 \sum_{k=0}^{\infty} b_k(\alpha)x^{2k+1} \tag{5.14}$$

という形の解を持つことがわかる．ここで c_0, c_1 はどんな定数でもよく，

[†] ルジャンドル: Adrien Marie Legendre (1752–1833)

$y_0 = \sum_{k=0}^{\infty} a_k(\alpha) x^{2k}$ と $y_1 = \sum_{k=0}^{\infty} b_k(\alpha) x^{2k+1}$ は一次独立なので，(5.14) が (5.12) の一般解であることがわかる．

ここで得られたルジャドルの微分方程式の解について，少し詳しく考えてみよう．c_{2k}, c_{2kn+1} の形を見ると，α が 0 以上の整数のときに，分子が 0 になる場合がある．実際

(1) α が偶数，すなわち $\alpha = 2m$ $(m = 0, 1, 2, \ldots)$ のとき，$k > m$ ならば $c_{2k} = 0$. したがって y_0 は $2m$ 次 (α 次) の多項式になる．

(2) α が奇数，すなわち $\alpha = 2m+1$ $(m = 0, 1, 2, \ldots)$ のとき，$k > m$ ならば $c_{2k+1} = 0$. よって y_1 は $2m+1$ 次 (α 次) の多項式になる．

各 $n = 0, 1, 2, \ldots$ に対し，ルジャンドルの微分方程式で $\alpha = n$ とおいたときに得られる n 次の多項式解 $P_n(x)$ のうち，特に $P_n(1) = 1$ を満たすものを n 次の**ルジャンドル多項式**とよぶ．

ルジャンドルの多項式を直接求めるには，次の公式が知られている．

定理 5.3 $P_n(x) = \dfrac{1}{n! 2^n} \dfrac{d^n}{dx^n} (x^2 - 1)^n$ （ロドリグの公式[†]）

問題

3.1 ルジャンドル多項式 $P_0(x), P_1(x), P_2(x), P_3(x), P_4(x), P_5(x)$ をそれぞれ (1) 定義にしたがって (2) ロドリグの公式を用いて 具体的に求めなさい．

3.2 ルジャンドル多項式 $P_n(x)$ に関して次の式を証明しなさい．

$$\left(n + \frac{1}{2}\right) \int_{-1}^{1} P_m(x) P_n(x) dx = \begin{cases} 1 & (m = n) \\ 0 & (m \neq n) \end{cases}$$

3.3 任意の正の定数 a に対して

$$\sum_{n=0}^{\infty} a^n P_n(x) = \frac{1}{\sqrt{1 - 2ax + a^2}}$$

が成り立つことを証明しなさい[††]．

[†] ロドリグ: Olinde Rodrigues (1794–1851)

[††] この右辺の関数を，ルジャンドル多項式の**母関数**という．

5.3 ベッセルの微分方程式

定数 $\alpha \geq 0$ をとる．2 階線形微分方程式

$$x^2 y'' + xy' + (x^2 - \alpha^2)y = 0 \tag{5.15}$$

を，**ベッセルの微分方程式**[†]という．$x = 0$ はこの微分方程式の確定特異点であり，このときの決定方程式は $\lambda^2 - \alpha^2 = 0$ となる．したがって 5.1.2 項で述べた方法で解ける．

実際，$y = x^\alpha \sum_{n=0}^{\infty} c_n x^n$ $(c_0 \neq 0)$ とおいて (5.15) に代入すると

$$c_1 = 0, \quad ((\alpha + n)^2 - \alpha^2)c_{n+2} - c_n = 0 \quad (n = 0, 1, 2, \cdots) \tag{5.16}$$

を得る．このことから n が奇数なら $c_n = 0$ となることがわかり，偶数なら

$$\frac{c_{2n}}{c_0} = \frac{(-1)^n}{2^{2n} n! \, (\alpha + 1)(\alpha + 2) \cdots (\alpha + n)} \tag{5.17}$$

が成り立つことがわかる．c_0 は任意なので，特にガンマ関数 $\Gamma(\cdot)$ を用いて $c_0 = \dfrac{1}{2^\alpha \Gamma(\alpha + 1)}$ とすれば

$$y_1 = J_\alpha(x) = \left(\frac{x}{2}\right)^\alpha \sum_{n=0}^{\infty} \frac{(-1)^n}{n! \, \Gamma(n + \alpha + 1)} \left(\frac{x}{2}\right)^\alpha \tag{5.18}$$

が (5.15) の解であることがわかる．これを **第 1 種 α 次ベッセル関数** とよぶ．

決定方程式の 2 つの根の差は 2α であるから，2α が整数でなければ $y_2 = x^{-\alpha} \sum_{n=0}^{\infty} c_n x^n$ が y_1 と一次独立な (5.15) の解である．y_1 と同様にして求めれば

$$y_2 = J_{-\alpha}(x) = \left(\frac{x}{2}\right)^{-\alpha} \sum_{n=0}^{\infty} \frac{(-1)^n}{n! \, \Gamma(n - \alpha + 1)} \left(\frac{x}{2}\right)^\alpha \tag{5.19}$$

を得る．これは (5.18) で α の代わりに $-\alpha$ とおいたものにほかならない．ま

[†] ベッセル: Friedrich Wilhelm Bessel (1784–1846)

5.3 ベッセルの微分方程式

た, 2α が整数であっても α が整数でなければやはり $y_2 = J_{-\alpha}(x)$ が (5.15) の解であることがわかる. α が整数の場合には, $\beta = \max(\alpha, 1)$ とおいて

$$y_2 = x^\beta \sum_{n=0}^{\infty} c'_n x^n + y_1 \log x \tag{5.20}$$

で y_1 と一次独立な (5.15) の解が与えられることが知られている[†]. 各 α に対してこれを用いて得られる解 $y_2 = Y_\alpha(x)$ を**第 2 種 α 次ベッセル関数**という.

負の整数 α に対しては $J_\alpha(x) = (=1)^\alpha J_{-\alpha}(x)$ で定めることにする.

ベッセル関数についてはいろいろな性質が調べられている. ここでは次の 1 つを挙げておく.

定理 5.4 n を整数とする. このとき 方程式 $J_n(x) = 0$ は相異なる無限個の解(根)を持つ. そのうちの異なる 2 つ a, b をとると, 常に

$$\int_0^1 x J_n(ax) J_n(bx) dx = 0 \tag{5.21}$$

が成り立つ[††].

問題

4.1 次のベッセルの微分方程式の解 $J_0(x)$ を求めなさい.

(1) $y'' + \dfrac{1}{x} y' + \left(1 - \dfrac{4}{x^2}\right) y = 0$

(2) $y'' + \dfrac{1}{x} y' + \left(1 - \dfrac{1}{4x^2}\right) y = 0$

4.2 (5.20) を (5.15) に代入することによって第 2 種ベッセル関数 $Y_\alpha(x)$ ($\alpha = 0, 1, 2, \ldots$) を具体的に求めなさい.

[†] 小泉澄之「常微分方程式」(サイエンス社) p.76 定理 3.12 以下を参照.
[††] この性質や, 5.2 節の問題 3.1 のような性質を一般に**直交性**という. このことから, ベッセル関数やルジャンドル関数は**直交関数系**とよばれる.

演習問題

1 次の微分方程式を x の整級数を用いて解きなさい．
(1) $y' - 2xy = x$
(2) $x(x+2)y' + (x+1)y = 1$
(3) $y'' - y = 0$
(4) $y'' + xy' + y = 0$
(5) $y'' - xy' + 2y = 0$
(6) $y'' - xy = 0$
(7) $y'' + x^2 y = 0$
(8) $y'' + xy' + 2y = x$

2 初期条件「$x = 0$ のとき $y = 1$」の下で，次の微分方程式を整級数を用いて解きなさい．
(1) $y' = 1 + x + y$
(2) $y' = y^2$

3 第1種ベッセル関数について，次が成り立つことを証明しなさい．
(1) $\dfrac{d}{dx}\left(x^\alpha J_\alpha(x)\right) = x^\alpha J_{\alpha-1}(x)$
(2) $\dfrac{d}{dx}\left(x^{-\alpha} J_\alpha(x)\right) = -x^{-\alpha} J_{\alpha+1}$
(3) $J_{\alpha-1}(x) - J_{\alpha+1}(x) = 2\dfrac{d}{dx} J_\alpha(x)$
(4) $J_{\alpha-1}(x) + J_{\alpha+1}(x) = \dfrac{2\alpha}{x} J_\alpha(x)$
(5) $x^2 J_\alpha''(x) = \left(\alpha(\alpha-1) - x^2\right) J_\alpha(x) + x J_{\alpha+1}(x)$

第 6 章

全微分方程式

本章の目的 物理学にあらわれる法則の中には，全微分方程式で記述されるものも多い．この章では特に3変数の場合の全微分方程式と，それを2つ連立させた系について考える．4変数以上の場合や3つ以上の連立系についても基本的にはここで述べる方法を応用することになる．

第6章 全微分方程式

6.1 全微分方程式

6.1.1 積分可能性

基本形 6.1 （全微分方程式）
$$P(x,y,z)dx + Q(x,y,z)dy + R(x,y,z)dz = 0 \tag{6.1}$$

2.5 節 (p.36) では 2 変数の場合を考えたが，3 変数でも同様である．適当な関数 $U(x,y,z)$ があって

$$\frac{\partial U}{\partial x} = P(x,y,z), \quad \frac{\partial U}{\partial y} = Q(x,y,z), \quad \frac{\partial U}{\partial z} = R(x,y,z) \tag{6.2}$$

という関係が成り立っているとき，(6.1) は

$$\frac{\partial U}{\partial x}dx + \frac{\partial U}{\partial y}dy + \frac{\partial U}{\partial z}dz = dU = 0 \tag{6.3}$$

と書き直せる．したがって $U(x,y,z) = C$（C は定数）がその一般解である．このような関数 $U(x,y,z)$ (**ポテンシャル関数**) が存在するとき，(6.1) は**完全微分方程式**であるという．2 変数の場合と同様に，次のことが知られている．

定理 6.1 (6.1) が完全微分方程式であるための必要十分条件は

$$\frac{\partial P}{\partial y} = \frac{\partial Q}{\partial x}, \quad \frac{\partial Q}{\partial z} = \frac{\partial R}{\partial y}, \quad \frac{\partial R}{\partial y} = \frac{\partial P}{\partial z} \tag{6.4}$$

である．

(6.1) の両辺に適当な関数 $S(x,y,z)$ [†] をかけて完全微分方程式に変形できる場合がある．すなわち適当な関数 $U(x,y,z)$ があって

$$\frac{\partial U}{\partial x} : P(x,y,z) = \frac{\partial U}{\partial y} : Q(x,y,z) = \frac{\partial U}{\partial z} : R(x,y,z) (= S(x,y,z)) \tag{6.5}$$

が成り立つ場合である．このとき，(6.1) は**積分可能**であるという．

[†] 関数 S は**積分因子**とよばれる．2.5 節参照．

6.1 全微分方程式

例題 6.1 ──────────────── 全微分方程式の積分可能性 ──

次の全微分方程式が積分可能であることを示しなさい．

$$yzdx + xzdy + (z^2 - 2xy)dz = 0 \qquad (a)$$

[解答] (6.5) を満たすような関数 U が見つかればいいのだが，それは解を求めることに他ならない．積分可能性の判定条件として，次の定理が知られている．

定理 6.2 (6.1) が積分可能であるためには，次が必要十分条件である．

$$P\left(\frac{\partial Q}{\partial z} - \frac{\partial R}{\partial y}\right) + Q\left(\frac{\partial R}{\partial x} - \frac{\partial P}{\partial z}\right) + R\left(\frac{\partial P}{\partial y} - \frac{\partial Q}{\partial x}\right) = 0 \qquad (b)$$

そこで $P = yz, Q = xz, R = z^2 - 2xy$ とおく．すると

$$P\left(\frac{\partial Q}{\partial z} - \frac{\partial R}{\partial y}\right) + Q\left(\frac{\partial R}{\partial x} - \frac{\partial P}{\partial z}\right) + R\left(\frac{\partial P}{\partial y} - \frac{\partial Q}{\partial x}\right)$$
$$= yz(x + 2x) + xz(-2y - y) + (z^2 - 2xy)(z - z) = 0$$

となって (a) が積分可能であることがわかる．

● **数学的なポイント** ●────────────────

(6.1) が積分可能であるならば (b) が成り立つことはすぐにわかる．逆に，(b) ならば積分可能であるということは，実はこの微分方程式の解法になっている．それを次の 6.1.2 項で述べる．

～～ 問 題 ～～～～～～～～～～～～～～～～～～～～～

1.1 次の全微分方程式が積分可能であることを確かめなさい．

(1) $-yz^3 \, dx + x^2 z \, dy + (2xyz^2 + x^2 y) \, dz = 0$

(2) $dz = \dfrac{1+yz}{1-xy}dx + \dfrac{1+xz}{1-xy}dy$

1.2 次の関数 $U(x, y, z)$ の全微分 dU を求めなさい．

(1) $U(x, y, z) = xyz$ (2) $U(x, y, z) = xy + yz + zx$

(3) $U(x, y, z) = x + y + z$

6.1.2 全微分方程式の解法

前項で述べた積分可能な全微分方程式を具体的に解く方法を述べよう．$P=Q=0$ のときはすぐに解けるから，そうでない場合に限定する．このとき特に z を一定として考えよう．すると全微分の定義から考えて，(6.1) は

$$P(x,y;z)dx + Q(x,y;z)dy = 0$$

となる．ここで x と y だけが変数であると見ているので，この微分方程式は 2.5 節の方法で解くことができる．その解を $f(x,y;z) = C$（C は定数）とおくことにしよう．すると P, Q は，積分因子 $S(x,y;z)$ を用いて

$$P(x,y,z) = \frac{1}{S(x,y,z)}\frac{\partial f}{\partial x}, \quad Q(x,y,z) = \frac{1}{S(x,y,z)}\frac{\partial f}{\partial y} \quad (6.6)$$

と表すことができる[†]．ここで

$$R(x,y,z) = \frac{1}{S(x,y,z)}\left(\frac{\partial f}{\partial z} + g(x,y,z)\right) \quad (6.7)$$

を満たすように関数 $g(x,y,z)$ を定める．これと (6.6) を 定理 6.2 の (b) に代入すると

$$\frac{\partial f}{\partial x}\frac{\partial g}{\partial y} - \frac{\partial g}{\partial x}\frac{\partial f}{\partial y} = \begin{vmatrix} \frac{\partial f}{\partial x} & \frac{\partial f}{\partial y} \\ \frac{\partial g}{\partial x} & \frac{\partial g}{\partial y} \end{vmatrix} = 0 \quad (6.8)$$

すなわち，f と g を x, y の関数と見たときのヤコビ行列式が常に 0 となることがわかる．このことから g は f と z の関数として表される[††]．

このことに注意し，(6.6), (6.7) を (6.1) に代入すれば

$$df + g(f,z)dz = 0$$

という全微分方程式が得られる．これを解けば，(6.1) の解が得られる．

[†] 2 変数の陰関数定理，または関数 f の全微分可能性による．

[††] 例えば (6.8) を変形すると $\dfrac{f_x}{f_y} = \dfrac{g_x}{g_y}$ となる．陰関数定理を考えてみよ．

---例題 6.2---――――――――――――――――――全微分方程式―

次の全微分方程式を解きなさい.
$$-yz^3\,dx + x^2z\,dy + (2xyz^2 + x^2y)\,dz = 0 \qquad \text{(a)}$$

[解答] この全微分方程式が積分可能であることは問題 1.1 の (1) で示している. 次に z を定数としてみよう. このとき
$$-yz^3\,dx + x^2z\,dy = 0$$
となる. これは変数分離形 (p.10) だから, 容易に解くことができて
$$f(x,y;z) = \frac{z^2}{x} + \log y = C \quad (C \text{ は定数})$$
を得る. このことから, $\dfrac{1}{S(x,y,z)} = x^2yz$ とおくと $\dfrac{\partial f}{\partial z} = \dfrac{2z}{x}$ であるから (a) は
$$-yz^3\,dx + x^2z\,dy + (2xyz^2 + x^2y)\,dz$$
$$= x^2yz\frac{\partial f}{\partial x}dx + x^2yz\frac{\partial f}{\partial y}dy + x^2yz\left(\frac{\partial f}{\partial z} + \frac{1}{z}\right)dz$$
$$= x^2yz\left(df + \frac{1}{z}dz\right) = 0$$
と変形できる. すなわち $df + \dfrac{1}{z}dz = 0$ を得る. これを解いて
$$f + \log z = \frac{z^2}{x} + \log y + \log z = C$$
が求める解である.

～～ 問　題　～～～～～～～～～～～～～～～～～～～～～～

2.1 次の全微分方程式を解きなさい[†].
(1)　$(x-y)dx + (2x^2y + x)dy + 2x^2z\,dz = 0$
(2)　$y^2z\,dx + (2xyz + z^3)dy + (4yz^2 + 2xy^2)dz = 0$
(3)　$(e^xy + e^z)dx + (e^yz + e^x)dy + (e^y - e^xy - e^yz)dz = 0$

---
† 「演習と応用微分方程式」 p.83 を参照.

6.1.3 正規形

> **基本形 6.2** （正規形全微分方程式）
> $$dz = P(x,y,z)dx + Q(x,y,z)dy \tag{6.9}$$

[方針] これは (6.1) の特別な場合であるから，まず積分可能であることを確かめなくてはならない．続いて一般の場合と同様に y が一定であると考えてみよう．このとき (6.9) は $dz = P(x,y,z)dx$ となる．この微分方程式の解を $z = \phi(x,y,C)$ とおくことにする．ここで C は x について積分したときの積分定数であるから，これを y の関数であるとみるのは妥当である[†]．そこで $z = \phi(x,y,f)$（f は y の関数）とおいて (6.9) の両辺にそれぞれ代入してみると

$$\begin{aligned}
\text{左辺}: dz &= \frac{\partial \phi}{\partial x}dx + \frac{\partial \phi}{\partial y}dy + \frac{\partial \phi}{\partial f}df \\
&= P(x,y,\phi)dx + \left(\frac{\partial \phi}{\partial y} + \frac{\partial \phi}{\partial f}\frac{df}{dy}\right)dy \\
\text{右辺}: &= P(x,y,\phi)dx + Q(x,y,\phi)dy
\end{aligned}$$

となる．これらが等しくなるような f，すなわち微分方程式

$$Q(x,y,\phi) = \frac{\partial \phi}{\partial y} + \frac{\partial \phi}{\partial f}\frac{df}{dy} \tag{6.10}$$

をちょうど成り立たせるような関数 f が見つかれば，$z = \phi(x,y,f)$ が (6.9) の解になることがわかる．(6.10) を

$$\frac{df}{dy} = \left(Q(x,y,\phi) - \frac{\partial \phi}{\partial y}\right) \bigg/ \left(\frac{\partial \phi}{\partial f}\right)$$

と変形すると，この左辺は x に無関係なので，右辺も f と y の関数である．したがって f と y を変数と見て微分方程式 (6.10) を解き，y の関数として f を決めてやればよい．

[†] この方法も定数変化法の 1 種であるといえる．

── 例題 6.3 ─────────────────────── 正規形全微分方程式 ──

次の正規形の全微分方程式を解きなさい．
$$dz = \frac{1+yz}{1-xy}dx + \frac{1+xz}{1-xy}dy \tag{a}$$

[解答] この全微分方程式が積分可能であることは問題 1.1 の (2) で示している．次に y を定数として考える．このとき (a) は

$$dz = \frac{1+yz}{1-xy}dx$$

となる．これは変数分離形 (p.10) であるから容易に解けてその解は

$$(1+yz)(1-xy) = e^{Cy} \quad (C \text{ は定数})$$

となる．これを z について解くと

$$z = \frac{1}{y}\left(\frac{e^{Cy}}{1-xy} - 1\right) = \frac{\dfrac{e^{Cy}-1}{y} + x}{1-xy}$$

となる．左ページでは C を y の関数とみたが，$\dfrac{e^{Cy}-1}{y}$ を y の関数とおいても同じことである．そこで $z = \dfrac{f+x}{1-xy}$ (f は y の関数) とおく．これを (a) に代入して整理すると $\dfrac{df}{dy} = 1$ となる．したがって $f = y + C$ (C は定数) となり

$$z = \frac{x+y+C}{1-xy} \quad (C \text{ は定数})$$

が (a) の解となる．

～～ 問 題 ～～～～～～～～～～～～～～～～～～～～～～～～～～

3.1 次の正規形の全微分方程式を解きなさい[†]．

(1) $dz = \dfrac{z}{y}dy - ydx$ 　(2) $dz = \dfrac{y+z}{x}dx + \left(\dfrac{(y+z)^2}{x} - 1\right)dy$

───────
[†] 「演習微分方程式」p.109 問題 2.1 を参照．

6.2 連立全微分方程式

基本形 6.3（連立全微分方程式）

$$\begin{cases} P_1(x,y,z)dx + Q_1(x,y,z)dy + R_1(x,y,z)dz = 0 \\ P_2(x,y,z)dx + Q_2(x,y,z)dy + R_2(x,y,z)dz = 0 \end{cases} \quad (6.11)$$

$$\frac{dx}{P(x,y,z)} = \frac{dy}{Q(x,y,z)} = \frac{dz}{R(x,y,z)} \quad (6.12)$$

[方針]「連立」であるから，2 つの微分方程式が両方同時に成り立つ条件を求めればよい．すなわち (6.11) において，

(1) それぞれの微分方程式がともに積分可能であるならば，それぞれを解いてその解を連立させたものが求める解となる．

(2) 2 つの微分方程式のうち一方だけが積分可能であるときには，まずその解を求め，ついで 2 つの微分方程式から変数を 1 つ消去して[†] 2 変数としたものを解く．これらを連立させたものが求める解である．

(6.12) を (6.11) の形に変形することは容易であるが，一方で例えば

$$l(x,y,z)P(x,y,z) + m(x,y,z)Q(x,y,z) + n(x,y,z)R(x,y,z) = 0 \quad (6.13)$$

が常に成り立つような関数 l, m, n があれば，(6.12) と (6.13) から

$$l(x,y,z)dx + m(x,y,z)dy + n(x,y,z)dz = 0 \quad (6.14)$$

が得られる[††]ので，この形で解くこともできる．

[†] この場合，加減法などの一般的に知られた方法で常にどれか 1 つの変数が完全に消去できるとは限らない．したがってこの方法だけでは一般的には解けるとは限らない．

[††] 形式的に $dx = kP(x,y,z), dy = kQ(x,y,z), dz = kR(x,y,z)$ とおいて代入する．

6.2 連立全微分方程式

例題 6.4 ────────────────── 連立全微分方程式 ─

次の連立全微分方程式を解きなさい．

$$\begin{cases} 2yzdx + xzdy + xydz = 0 \\ ydx - x^2zdy + ydz = 0 \end{cases} \quad \text{(a)}$$

[解答] 定理 6.2 から第 1 式が積分可能であり，第 2 式が積分可能でないことがわかる．そこでまず第 1 式を解く．その両辺を xyz で割ると

$$\frac{2}{x}dx + \frac{1}{y}dy + \frac{1}{z}dz = 0 \quad \text{(b)}$$

となって変数分離形なので，これを積分すると $x^2yz = C$ を得る．次に第 1 式と第 2 式から dy に関する項を消去してみると

$$(2xz+1)dx + (x^2+1+1)dz = 0 \quad \text{(c)}$$

を得る．p.36 の定理 2.1 からこれはちょうど 2 変数の完全微分方程式になるので，p.40 の方法 2 を用いればその解は $x^2z + x + z = C'$ と得られる．よって求める一般解は $x^2yz = C, \ x^2z + x + z = C'$ という連立方程式で表される．

〜〜 **問 題**† 〜〜〜〜〜〜〜〜〜〜〜〜〜〜〜〜〜〜〜〜〜〜〜

4.1 次の連立全微分方程式を解きなさい．

(1) $\begin{cases} dx + 2dy - (x+2y)dz = 0 \\ 2dx + dy + (x-y)dz = 0 \end{cases}$

(2) $\begin{cases} yzdx + xzdy + xydz = 0 \\ z^2(dx+dy) + (xy+yz-xy)dz = 0 \end{cases}$

(3) $\dfrac{dx}{y} = \dfrac{dy}{-x} = \dfrac{dx}{2x-3y}$

---

† 問題 1.2 (p.95) を参照．(3) は (6.14) の形も考えてみよ．

演習問題

1 次の全微分方程式を解きなさい．

(1) $(yz+z)dx + (xz+2z)dy - (xy+x+2y)d = 0$

(2) $\dfrac{yz}{x^2+y^2}dx - \dfrac{xz}{x^2+y^2}dy - \tan^{-1}\dfrac{y}{x}dz = 0$

2 次の全微分方程式を解きなさい†．

(1) $yzdx + zxdy + xydz = 0$

(2) $yzdx - z^2 dy - xydz = 0$

(3) $y(y^2+z^2)dx - x(y^2-z^2)dy - 2xyzdz = 0$

(4) $(y^2 - yz)dx + (x^2 + xz)dy + (y^2 + xy)dz = 0$

3 次の連立全微分方程式を解きなさい．

(1) $\begin{cases} dx + dy + (x+y)dz = 0 \\ z(dx+dy) + (x+y)dz = 0 \end{cases}$

(2) $\begin{cases} (y+z)dx + (z+x)dy + (x+y)dz = 0 \\ (x+z)dx + ydy + xdz = 0 \end{cases}$

4 次の連立全微分方程式を解きなさい．

(1) $\dfrac{dx}{y^2-z^2} = \dfrac{dy}{y-2z} = \dfrac{dz}{z-2y}$

(2) $\dfrac{dx}{yz} = \dfrac{dy}{xz} = \dfrac{dz}{xy}$

(3) $\dfrac{dx}{4y-3z} = \dfrac{dy}{4x-2z} = \dfrac{dz}{2y-3x}$

(4) $\dfrac{dx}{y-z} = \dfrac{dy}{z-x} = \dfrac{dz}{x-y}$

(5) $\dfrac{dx}{x(y^3-z^3)} = \dfrac{dy}{y(z^3-x^3)} = \dfrac{dz}{(x^3-y^3)}$

(6) $\dfrac{dx}{2x(z-y)} = \dfrac{dy}{y^2+z^2-xz} = \dfrac{dz}{xy-y^2-z^2}$

---

† これらは普通に解くこともできるが，特に P, Q, R が x, y, z について同次であるので，例えば $x = uz, y = vz$ とおいてやると解きやすい．

第7章

偏微分方程式

本章の目的　特に第5章までは，独立変数が1つの場合の微分方程式について考えてきた．しかしそれだけでは，時間に依存して変わる量，または1次元空間上で位置に依存して変わる量しか扱うことが出来なかった．より一般の物理現象を解析するためには，時間と空間の両方を独立変数とする場合，また空間も1次元でなく2次元以上の場合を考える必要がある．すなわち偏微分方程式が必要となってくる．

この章では2変数の場合の偏微分方程式を扱うが，そのテクニックは3変数以上でも同様である．

7.1 1階偏微分方程式

7.1.1 偏微分方程式の解の種類

1階偏微分方程式の解について具体的な例を見てみよう．微分方程式

$$x\frac{\partial z}{\partial y} - y\frac{\partial z}{\partial x} = 0 \tag{7.1}$$

に対し，$z = x^2 + y^2$ はその1つの解であることはすぐにわかる．さらに驚くべきことに，微分可能な関数 $\phi(\cdot)$ に対して，$z = \phi(x^2 + y^2)$ も (7.1) の解である．実際

$$x\frac{\partial \phi(x^2+y^2)}{\partial y} - y\frac{\partial \phi(x^2+y^2)}{\partial x} = 2xy\phi'(x^2+y^2) - 2yx\phi'(x^2+y^2) = 0$$

となる．このように，これまで学んできた常微分方程式と異なり，偏微分方程式の解には次のようなものがある．

(1) **完全解** 2つの任意定数 a, b を含む $F(x, y, z, a, b) = 0$ の形の解．
(2) **一般解** 任意関数を1つ含む解．
(3) **特異解** 完全解や一般解の1つの場合として表すことができないような解．

●**一般解の求め方**● 完全解 $F(x, y, z, a, b) = 0$ が1つわかっているとする．定数 a, b は任意であるから，任意関数 ϕ を用いて $b = \phi(a)$ という関係が成り立っていると見ても同じことである．これを完全解に代入した方程式，およびその両辺を a で偏微分した

$$F(x, y, z, a, \phi(a)) = 0, \quad \frac{\partial}{\partial a}F(x, y, z, a, \phi(a)) = \frac{\partial F}{\partial a} + \frac{\partial F}{\partial b}\phi'(a) = 0$$

から a を消去すると，任意関数 ϕ を含んだ一般解が得られる．

●**特異解の見つけ方**● 完全解 $F(x, y, z, a, b) = 0$ が1つわかっているとする．完全解，およびその両辺を a および b で偏微分した

$$\frac{\partial}{\partial a}F(x, y, z, a, b) = 0, \quad \frac{\partial}{\partial b}F(x, y, z, a, b) = 0$$

から a, b を消去すると，特異解が得られることがある．

── 例題 7.1 ──────────────────────────────── 解の種類 ──

独立変数 x, y とその従属変数 z に対する偏微分方程式

$$z\left\{\left(\frac{\partial z}{\partial x}\right)^2 + \left(\frac{\partial z}{\partial y}\right)^2 + 1\right\} = 1 \tag{a}$$

に対し

$$(x-a)^2 + (y-b)^2 + z^2 = 1 \tag{b}$$

がその完全解になることを示しなさい.またこの偏微分方程式の一般解,特異解を求めなさい.

[**解 答**] (b) の両辺を x および y で偏微分すると

$$2(x-a) + 2z\frac{\partial z}{\partial x} = 0 \quad \text{すなわち} \quad a = x + z\frac{\partial z}{\partial x} \tag{c}$$

$$2(y-b) + 2z\frac{\partial z}{\partial y} = 0 \quad \text{すなわち} \quad b = y + z\frac{\partial z}{\partial y} \tag{d}$$

を得る.これらを代入して (b) から任意定数 a, b を消去すると (a) が得られる.したがって (b) は (a) の解であり,さらに任意定数を 2 つ含んでいることから,完全解であることがわかる.

ここで $b = \phi(a)$ とおいて (b) に代入,両辺を a で偏微分すると

$$-2(x-a) - 2(y-b)\phi'(a) = 0 \tag{e}$$

となる.したがって (b) と (e) を連立させ,$b = \phi(a)$ とおき,a を消去したものが,求める一般解になる.

最後に特異解を求める.完全解 (b) の両辺を a および b で偏微分すると

$$-2(x-a) = 0 \quad \text{および} \quad -2(y-b) = 0 \tag{f}$$

を得る.これらを (a) の左辺に代入してみると,ちょうど成り立つことがわかるが,これらは完全解・一般解からは得られない.したがって $x = $ 定数,および $y = $ 定数 が (a) の特異解となることがわかる.

7.1.2　1階偏微分方程式の標準形

> **基本形 7.1**　（$f(p,q)=0$ の形）
> $$f(p,q)=0 \quad \left(p=\frac{\partial z}{\partial x},\ q=\frac{\partial z}{\partial y}\right) \tag{7.2}$$

[方針] 関係式 $f(a,b)=0$ から定まる陰関数を $b=\psi(a)$ と表すことにする．すなわち $f(a,\psi(a))=0$ である．すると (7.2) の完全解は

$$z=ax+\psi(a)y+c \quad (a,c\text{は任意定数}) \tag{7.3}$$

である．実際，(7.3) の両辺を x,y で偏微分してみれば，これが (7.2) の解であることはすぐにわかる．一般解は，前節の方法で求められる．

変数変換によって (7.2) に帰着できる場合がいくつか知られている．

• $\boldsymbol{f(xp,q)=0}$ **の形** •　$x=e^X$ と変数変換すると，$\dfrac{\partial z}{\partial X}=xp$ だから

$$f(xp,q)=f\left(x\frac{\partial z}{\partial x},q\right)=f\left(\frac{\partial z}{\partial X},\frac{\partial z}{\partial y}\right)=0 \tag{7.4}$$

となって，(7.2) の形になる．$\boldsymbol{f(p,yq)=0}$, $\boldsymbol{f(xp,yq)=0}$ の場合も同様に $y=e^Y$ という変数変換によって (7.2) の形に帰着することができる．

• $\boldsymbol{f\left(\dfrac{p}{z},\dfrac{q}{z}\right)=0}$ **の形** •　$z=e^Z$ と変数変換すると，$\dfrac{\partial Z}{\partial x}=\dfrac{p}{z},\ \dfrac{\partial Z}{\partial y}=\dfrac{q}{z}$ となるので

$$f\left(\frac{p}{z},\frac{q}{z}\right)=f\left(\frac{\partial Z}{\partial x},\frac{\partial Z}{\partial y}\right)=0 \tag{7.5}$$

となって，(7.2) の形になる．$\boldsymbol{f\left(\dfrac{xp}{z},\dfrac{q}{z}\right)=0},\ \boldsymbol{f\left(\dfrac{xp}{z},\dfrac{yq}{z}\right)=0}$ の形も，同様に変数変換をすることによって，(7.2) に帰着することができる．

---例題 7.2--$f(p, q) = 0$ の形---

次の偏微分方程式の一般解,完全解を求めなさい.
$$z^2 = xypq \quad \left(p = \frac{\partial z}{\partial x}, q = \frac{\partial z}{\partial y}\right) \qquad (a)$$

|注意| 以後この節では,特に断りなく $p = \dfrac{\partial z}{\partial x}, q = \dfrac{\partial z}{\partial y}$ と略記する.

[解答] (a) を変形すると
$$\frac{xp}{z}\frac{yq}{z} = 1 \qquad (b)$$
となる.そこで $x = e^X, y = e^Y, z = e^Z$ とおいてみると
$$\frac{\partial Z}{\partial X} = \frac{xp}{z}, \quad \frac{\partial Z}{\partial Y} = \frac{yq}{z} \qquad (c)$$
となるので,(a) は $\dfrac{\partial Z}{\partial X}\dfrac{\partial Z}{\partial Y} = 1$ と変形できる.よって (7.3) から (c) の完全解は $Z = aX + \dfrac{1}{a}Y + c$ と表されるので,(a) の完全解は
$$\log z = a\log x + \frac{1}{a}\log y + c \quad (a, c > 0 \text{ は任意の定数}) \qquad (d)$$
と表される.また一般解は
$$\log z = a\log x + \frac{1}{a}\log y + \psi(a), \log x - \frac{1}{a^2}\log y + \psi'(a) \qquad (e)$$
から変数 a を消去したものである.

問 題

2.1 次の偏微分方程式を解きなさい[†].
 (1) $pq = p + q$ (2) $p - q = 0$
 (3) $x^2p^2 - q = 0$ (4) $x^2p^2 - yq = 0$
 (5) $p^2 = qz$ (6) $x^2p^2 = qyz$
 (7) $x^2p^2 + y^2q^2 = z^2$

[†] 「演習と応用微分方程式」p.91 問題 3.1 参照.

第7章 偏微分方程式

> **基本形7.2** ($f(x,p,q) = 0, f(y,p,q) = 0$ の形)
>
> $$f(x,p,q) = f\left(x, \frac{\partial z}{\partial x}, \frac{\partial z}{\partial y}\right) = 0 \tag{7.6}$$
>
> $$f(y,p,q) = f\left(y, \frac{\partial z}{\partial x}, \frac{\partial z}{\partial y}\right) = 0 \tag{7.7}$$

[方針] これらは本質的に同じ形なので，(7.6) を考えることにする．これは「y がない」形である．ここで独立変数 y に関連の深い q を $q = a$ (定数) とおいてみる．このとき (7.6) を変形して，$p = F(x,a)$ となったとしよう．この両辺を x で積分すると

$$\int p\,dx = \int \frac{\partial z}{\partial x} dx = z$$
$$= \int F(x,a)dx + C$$

となる．ここで，6.1.3項と同じよう考えて，積分定数 C を y の関数とみる．すなわち

$$z = \int F(x,a)dx + C(y)$$

とおいてこの両辺を y で偏微分してみると

$$\frac{\partial z}{\partial y} = \frac{\partial}{\partial y}\int F(x,a)dx + C'(y)$$
$$= C'(y)$$

ということになる．今は $q = \dfrac{\partial z}{\partial y} = a$ とおいたのだから，$C'(y) = a$ つまり $C(y) = ay + b$ (a, b は任意定数) とおいてみよう．このようにして考えた関数

$$z = \int F(x,a)dx + ay + b \tag{7.8}$$

を (7.6) に代入すると，実はこれがその完全解になっていることがわかる．

7.1 1階偏微分方程式

---**例題 7.3**-------------------- $f(x,p,q)=0, f(y,p,q)=0$ の形---

次の偏微分方程式を解きなさい．

$$p^2 = yq \quad \text{すなわち} \quad \left(\frac{\partial z}{\partial x}\right)^2 = y\frac{\partial z}{\partial y} \tag{a}$$

[解答] これは (7.7) の形であるから，$p=a$（定数）とおいてみると

$$y\frac{\partial z}{\partial y} = a^2 \quad \text{すなわち} \quad \frac{\partial z}{\partial y} = \frac{a^2}{y} \tag{b}$$

である．これは変数分離形（p.10 参照）だから，両辺を y で積分すると

$$z = a^2 \log y + C \tag{c}$$

となるので，この C を x の関数と見て両辺を x で偏微分すれば

$$\frac{\partial z}{\partial x} = p = C'(x)$$

となり，今は $p=a$ とおいたから，これから $C(x) = ax + b$（b は定数）とおいて

$$z = a^2 \log y + ax + b \tag{d}$$

としてみるとこれが (a) の完全解になることがわかる．

● **数学的なポイント** ●────────────────────
この解法は**定数変化法**の一種であるとみることもできる．

✄✄ **問 題** ✄✄✄✄✄✄✄✄✄✄✄✄✄✄✄✄✄✄✄✄✄✄✄✄✄✄✄

3.1 次の偏微分方程式を解きなさい[†]．
   (1) $p = qx$ (2) $\sqrt{p} - \sqrt{q} = x$
   (3) $1 + q = 2yp^n$ （n は自然数）

[†] 「演習と応用微分方程式」p.92 問題 4.1 参照．

> **基本形 7.3**　($f(z,p,q) = 0$ の形)
> $$f(z,p,q) = f\left(z, \frac{\partial z}{\partial x}, \frac{\partial z}{\partial y}\right) = 0 \tag{7.9}$$

[方針]　p.109 では y がない形を解くのに $q = \dfrac{\partial z}{\partial y} = $ 定数, x がない形を解くのに $p = \dfrac{\partial z}{\partial x} = $ 定数 とおいた. この形では "$\dfrac{p}{q} = $ 定数" つまり $\dfrac{\partial y}{\partial x} = -\dfrac{1}{a}$ とおいてみることにしよう. このとき $ay = -x + \xi$ (ξ は定数) となる. ここで ξ を変数としてみることにすると

$$p = \frac{\partial z}{\partial x} = \frac{dz}{d\xi}\frac{\partial \xi}{\partial x} = \frac{dz}{d\xi}, \quad q = \frac{\partial z}{\partial y} = \frac{dz}{d\xi}\frac{\partial \xi}{\partial y} = a\frac{dz}{d\xi}$$

となる. よって (7.9) は

$$f\left(z, \frac{dz}{d\xi}, a\frac{dz}{d\xi}\right) = 0$$

となる. これを変形して $\dfrac{dz}{d\xi} = F(z,a)$ となったとしよう. これを ξ で積分すると

$$\int \frac{1}{F(z,a)}\frac{dz}{d\xi}d\xi = \xi + b \quad (b \text{ は定数})$$

となる. $\xi = x + ay$ を代入すれば

$$x + ay + b = \int \frac{1}{F(z,a)}dz \quad (a, b \text{ は定数}) \tag{7.10}$$

となる. この両辺を x, y で偏微分してみると, (7.9) の解（完全解）になっていることがわかる.

● **数学的なポイント** ●────────────

　p.109 と同様の議論である. p.109 と共に, 「○○ = 一定 とおく」とは何を意味しているのか考えてみよう.

例題 7.4 ──────────── $f(z, p, q) = 0$ の形 ──

次の偏微分方程式の完全解,特異解を求めなさい.
$$z^2\left\{\left(\frac{\partial z}{\partial x}\right)^2 + \left(\frac{\partial z}{\partial y}\right)^2 + 1\right\} = 1 \qquad \text{(a)}$$

[解答] 左ページにあるように,$\dfrac{dy}{dx} = -\dfrac{1}{a}$ とおく.このとき $x + ay = \xi$ (ξ は定数)となるが,ここで ξ を変数と見て変形すると,(a) は

$$z^2\left\{(1+a^2)\left(\frac{\partial z}{\partial \xi}\right)^2 + 1\right\} = 1 \quad \text{さらに} \quad \frac{\partial z}{\partial \xi} = \pm\sqrt{\frac{1}{a^2+1}}\sqrt{\frac{1}{z^2}-1} \qquad \text{(b)}$$

となるので,求める完全解は

$$\begin{aligned} x + ay + b &= \pm\sqrt{a^2+1}\int \frac{z}{\sqrt{1-z^2}}dz \\ &= \mp\sqrt{a^2+1}\sqrt{1-z^2} \end{aligned} \qquad \text{(c)}$$

すなわち

$$(x + ay + b)^2 = (a^2+1)(1-z^2) \qquad \text{(d)}$$

と得られる.また特異解については,(d) およびその両辺を a および b で偏微分した

$$\begin{cases} (x+ay+b)^2 = (a^2+1)(1-z^2) \\ y(x+ay+b) = a(1-z^2) \\ (x+ay+b) = 0 \end{cases}$$

から a, b を消去すると,$z = \pm 1$ を得る.これが解になることは明らか.さらにこれは完全解(および一般解)から得られないので,特異解とわかる.

問題

4.1 次の偏微分方程式を解きなさい[†].
 (1) $p^3 + q^3 = 27z^3$ (2) $x^2p^2 + y^2q^2 = z$

[†] 「演習微分方程式」 p.121 問題 3.1 参照.

7.1.3 変数分離形

基本形 7.4 (変数分離形)
$$f(x,p) = g(y,q) \quad \text{すなわち} \quad f\left(x, \frac{\partial z}{\partial x}\right) = g\left(y, \frac{\partial z}{\partial y}\right) \tag{7.11}$$

[方針] $f(x,p) = g(y,q) = a$ とおく．このとき

$$f\left(x, \frac{\partial z}{\partial x}\right) = a \quad \text{から} \quad \frac{\partial z}{\partial x} = P(x,a)$$
$$g\left(y, \frac{\partial z}{\partial y}\right) = a \quad \text{から} \quad \frac{\partial z}{\partial y} = Q(y,a)$$

と変形できるとすれば，全微分方程式

$$\begin{aligned} dz &= \frac{\partial z}{\partial x}dx + \frac{\partial z}{\partial y}dy \\ &= P(x,a)dx + Q(y,a)dy \end{aligned}$$

が得られる．したがって

$$z = \int P(x,a)dx + \int Q(y,a)dy + b \quad (a,b \text{ は任意定数}) \tag{7.12}$$

という式が得られる．

これが (7.11) の完全解になることは容易にわかる．

注意　この場合には特異解は存在しないことが知られている．

● **数学的なポイント** ●―――――
　ここで用いた変数 a はいわゆる**媒介変数**である．このような「媒介変数表示」はいたるところで行われている．たとえば円の方程式 $x^2 + y^2 = 1$ を (ずいぶん強引であるが) 変形すれば $\arccos x = \arcsin y$ が得られる．この両辺を $\bigcirc\bigcirc = t$ とおけばよく知られた媒介変数表示 $x = \cos t, y = \sin t$ が得られる．

―― 例題 7.5 ――――――――――――――――――――――――――― 変数分離形 ――

次の偏微分方程式を解きなさい.
$$\frac{\partial z}{\partial y}\left(\frac{\partial z}{\partial x}+\sin x\right)=-\sin y \tag{a}$$

[解 答] (a) を変形すると
$$p+\sin x=-\frac{\sin y}{q} \tag{b}$$
となる.ここで $p+\sin x=-\dfrac{\sin y}{q}=a$ とおくと
$$p=\frac{\partial z}{\partial x}=a-\sin x,\quad q=\frac{\partial z}{\partial y}=-\frac{1}{a}\sin y \tag{c}$$
となるので,全微分方程式
$$\begin{aligned}dz&=\frac{\partial z}{\partial x}dx+\frac{\partial z}{\partial y}dy\\&=(a-\sin x)dx-\left(\frac{1}{a}\sin y\right)dy\end{aligned} \tag{d}$$
の解が (a) の解となる.実際に (d) を解くと
$$\begin{aligned}z&=\int(a-\sin x)dx-\int\frac{1}{a}\sin y\,dy\\&=ax+\cos x+\frac{1}{a}\cos y+b\end{aligned} \tag{e}$$
となる.

～～ 問 題 ～～～～～～～～～～～～～～～～～～～～～～～～～～

5.1 次の偏微分方程式を解きなさい[†].

(1) $q=xp+p^2$ (2) $p-x=q+y$
(3) $p^2-x=q^2-y$ (4) $p^2-q=x-3y^2$
(5) $p(q-\cos y)=\cos x$ (6) $p-q=x^2+y^2$

―――――――――――
[†] 「演習微分方程式」p.122 問題 4.1 参照.

7.1.4 クレロー型の偏微分方程式

> **基本形 7.5** (クレロー型の偏微分方程式)
> $$z = x\frac{\partial z}{\partial x} + y\frac{\partial z}{\partial y} + f\left(\frac{\partial z}{\partial x}, \frac{\partial z}{\partial y}\right)$$
> $$= px + qy + f(p, q) \tag{7.13}$$

[方針]　これは常微分方程式で学んだ**クレローの微分方程式**（p.32）と同じ形をした，いわば拡張形である．実際，クレローの微分方程式の一般解から類推して

$$z = ax + by + f(a, b) \quad (a, b \text{ は定数})$$

とおいてみると，これが (7.13) の完全解であることがすぐにわかる．また特異解もクレローの常微分方程式と同様に，完全解および完全解の両辺を a, b で偏微分した

$$\begin{cases} z = ax + by + f(a, b) \\ x + \dfrac{\partial}{\partial a}f(a, b) = 0 \\ y + \dfrac{\partial}{\partial b}f(a, b) = 0 \end{cases}$$

から定数 a, b を消去すれば得られることがわかる．

● **数学的なポイント** ●────────────

偏微分方程式と常微分方程式は，全く異なる点も多いが，このように類推できることも多い．

―― 例題 7.6 ――――――――――――――― クレロー型の偏微分方程式[†] ――

次の偏微分方程式を解きなさい.

$$z = x\frac{\partial z}{\partial x} + y\frac{\partial z}{\partial y} + \left(\frac{\partial z}{\partial x}\right)^2 + \frac{\partial z}{\partial x}\frac{\partial z}{\partial y} + \left(\frac{\partial z}{\partial y}\right)^2 \quad \text{(a)}$$

[解 答] これはクレロー型であるから,完全解は

$$z = ax + by + a^2 + ab + b^2 \quad (a, b \text{ は任意定数}) \quad \text{(b)}$$

となる.一般解は

$$\begin{cases} z = ax + \psi(a)y + a^2 + a\psi(a) + \psi(a)^2 \\ x + \psi'(a)y + 2a + \psi(a) + a\psi(a)' + 2\psi(a)'\psi(a) = 0 \end{cases} \quad \text{(c)}$$

から a を消去したものとなる.また特殊解は (b) の両辺を a, b で偏微分した

$$x + 2a + b = 0 \quad \text{(d)}$$

$$y + a + 2b = 0 \quad \text{(e)}$$

から a, b を消去すると

$$a = -\frac{1}{3}(2x - y), \quad b = \frac{1}{3}(x - 2y) \quad \text{(f)}$$

が得られるので,これを (b) に代入して

$$z = -\frac{1}{3}(x^2 - xy + y^2) \quad \text{(g)}$$

を得る.これが (a) の解になっていることはすぐにわかり,また完全解からは得られないので特異解である.

〰〰 問 題 〰〰〰〰〰〰〰〰〰〰〰〰〰〰〰〰〰〰〰〰〰〰〰

6.1 次の偏微分方程式を解きなさい.

(1) $z = px + qy + pq$ 　　(2) $z = px + qy + \sqrt{p^2 + q^2 + 1}$

(3) $z = px + qy + p^2 q^2$

[†] 「演習と応用微分方程式」p.93 例題 5 参照.

7.1.5 ラグランジュの偏微分方程式

> **基本形 7.6** (準線形偏微分方程式)
>
> $$P(x,y,z)\frac{\partial z}{\partial x} + Q(x,y,z)\frac{\partial z}{\partial y} = R(x,y,z) \quad (7.14)$$

この形はラグランジュの微分方程式とよばれている.これは z(の関数 P, Q)と z の偏導関数 p, q の積があるので線形ではないが,線形の微分方程式の理論を用いて解くことができることから**準線形微分方程式**ともよばれる.

[**方針**] これは次のような解法が知られている.連立全微分方程式

$$\frac{dx}{P(x,y,z)} = \frac{dy}{Q(x,y,z)} = \frac{dz}{R(x,y,z)} \quad (7.15)$$

(これを (7.14) の**特性方程式**とよぶ) を解く.その 2 つの解が $u(x,y,z) = a$, $v(x,y,z) = b$ (a, b は任意定数) と求められたとき,任意の 2 変数関数 $\psi(\cdot, \cdot)$ に対して $\psi(u(x,y,z), v(x,y,z)) = 0$ が求める一般解になる.実際,$u(x,y,z) =$ 定数 であるならば

$$du = \frac{\partial u}{\partial x}dx + \frac{\partial u}{\partial y}dy + \frac{\partial u}{\partial z}dz = 0$$

である.$u =$ 定数 が (7.15) の解とすれば,1.4 節 (1.12) の見方から考えて

$$P(x,y,z)\frac{\partial u}{\partial x} + Q(x,y,z)\frac{\partial u}{\partial y} + R(x,y,z)\frac{\partial u}{\partial z} = 0 \quad (7.16)$$

という関係が得られる.ここで z は x, y に従属する変数と見ているので,

$$\frac{\partial}{\partial x}u(x,y,z(x,y)) = \frac{\partial u}{\partial x} + \frac{\partial z}{\partial x}\frac{\partial u}{\partial z}$$
$$\frac{\partial}{\partial y}u(x,y,z(x,y)) = \frac{\partial u}{\partial y} + \frac{\partial z}{\partial y}\frac{\partial u}{\partial z}$$

である.これらに P, Q をそれぞれかけて加え, (7.16) を使うとこの u が (7.14) の解であることがわかる.

$u(x,y,z) = a, v(x,y,z) = b$ が (7.14) の解であるとき,$\psi(u,v) = 0$ が (7.14) の解,すなわち一般解であることは容易にわかる.

―― 例題 7.7 ―――――――――――――― 準線形偏微分方程式 ――

次の 1 階準線形微分方程式の一般解を求めなさい.

$$(y-z)\frac{\partial z}{\partial x} + (z-x)\frac{\partial z}{\partial y} = x - y \quad \text{(a)}$$

[解 答] この微分方程式に対する特性方程式は

$$\frac{dx}{y-z} = \frac{dy}{z-x} = \frac{dz}{x-y} \quad \text{(b)}$$

である.1.4 節 (1.12) の見方から考えて (b) の各辺 $= k$ と形式的において分母を払い,3 辺を加えると

$$dx + dy + dz = 0 \quad \text{(c)}$$

(b) が得られる.よって,$x+y+z = u$ とおくと全微分方程式 $du = 0$ が得られ,(b) の解として $x+y+z = a$(定数)が得られる.また同様にして,(b) の分子分母にそれぞれ x, y, z をかけ同様の計算をすると

$$xdx + ydy + zdz = 0 \quad \text{(d)}$$

が得られる.よって,$x^2 + y^2 + z^2 = v$ とおくと全微分方程式 $dv = 0$ が得られ,(b) の解として $x^2 + y^2 + z^2 = b$(定数)が得られる.a, b は任意だから,任意の関数 ϕ を用いて $\phi(a, b) = 0$ が成り立っていると見てよい.したがって求める一般解は

$$\phi(x+y+z, x^2+y^2+z^2) = 0 \quad (\phi \text{ は任意関数}) \quad \text{(e)}$$

と得られる.

～～ 問 題 ～～～～～～～～～～～～～～～～～～～～～～～～～～

7.1 次の偏微分方程式の一般解を求めなさい[†].

(1) $xp + zq = y$ (2) $x(y-z)p + y(z-x)q = z(x-y)$

(3) $y^2 p + xyp = xz$ (4) $(y+z)p + (z+x)q = x+y$

---

† 「演習と応用微分方程式」p.90 の例題 2,問題 2.1 を参照.

7.2　2階偏微分方程式

7.2.1　2階線形偏微分方程式

まず線形偏微分方程式，すなわち x と y の関数 z とその1階および2階偏導関数についての1次式で表される偏微分方程式を解く方法を考える．

基本形 7.7　（直接積分できる形[†]）
$$\frac{\partial^2 z}{\partial x^2} = f(x,y), \quad \frac{\partial^2 z}{\partial x \partial y} = f(x,y), \quad \frac{\partial^2 z}{\partial y^2} = f(y) \tag{7.17}$$

[方針]　これらの微分方程式の左辺はそれぞれ z を x で2回，x と y で1回ずつ，y で2回微分したものであるから，常微分方程式と同様に x（または y）で2回積分すればよい．ただし積分定数が y（または x）の関数になることに注意しよう．常微分方程式の基本形 3.1（p.50）と比べてみよう．

基本形 7.8　（階数を下げられる形[††]）
$$R(x,y)\frac{\partial^2 z}{\partial x^2} + S(x,y)\frac{\partial^2 z}{\partial x \partial y} + P(x,y)\frac{\partial z}{\partial x} = U(x,y) \tag{7.18}$$

[方針]　これは z および z の y のみによる偏微分がない場合である．この場合は $p = \dfrac{\partial z}{\partial x}$ とおくと

$$R(x,y)\frac{\partial p}{\partial x} + S(x,y)\frac{\partial p}{\partial y} + P(x,y)p = U(x,y) \tag{7.19}$$

と，関数 p についての1階偏微分方程式に直すことができる．これも常微分方程式の基本形 3.5（p.54）と比べてみよう．

[†]　(7.17) は (7.18) の特別な場合でもある．

[††]　階数を下げて「知っている形に持ち込む」は，数学における基本的な姿勢である．

7.2 2階偏微分方程式

---**例題 7.8**----------------------------------階数が下げられる形---

次の偏微分方程式を解きなさい．
(1) $\dfrac{\partial^2 z}{\partial y^2} = x + y$ (2) $\dfrac{\partial^2 z}{\partial x \partial y} + \dfrac{\partial^2 z}{\partial y^2} + \dfrac{\partial z}{\partial y} = 0$

[解答] (1) この微分方程式の両辺を y で積分すると

$$\frac{\partial z}{\partial y} = \int (x+y)dy + \phi(x) = xy + \frac{1}{2}y^2 + \phi(x) \quad (\phi \text{ は任意関数}) \tag{a}$$

さらにもう一度積分すると

$$z = \frac{1}{2}xy^2 + \frac{1}{6}y^3 + \phi(x)y + \psi(x) \quad (\phi, \psi \text{ は任意関数}) \tag{b}$$

(2) これは z および z の x のみによる偏微分がない場合である．よって $q = \dfrac{\partial z}{\partial y}$ とおくとこの微分方程式は

$$\frac{\partial q}{\partial x} + \frac{\partial q}{\partial y} = -q \tag{c}$$

と1階の偏微分方程式に書き直せる．特にこれは q についてラグランジュの偏微分方程式 (p.34) になるので，その特性方程式を考えると

$$\frac{dx}{1} = \frac{dy}{1} = \frac{dq}{-q} \tag{d}$$

となる．これを解くと，$x - y = a$, $qe^y = b$ (a, b は定数) を得る．したがって (c) の一般解は任意関数 f を用いて $f(x-a, qe^y) = 0$ と表すことができるが，これを変形して $qe^y = \phi(x-y)$ すなわち $q = e^{-y}\phi(x-y)$ (ϕ は任意関数) と表しても同じことである．これから求める偏微分方程式の一般解は $z = \int e^{-y}\phi(x-y)dy + \psi(x)$ (ϕ, ψ は任意関数) と得られる．

問題

8.1 次の2階偏微分方程式を解きなさい．
(1) $\dfrac{\partial^2 z}{\partial x \partial y} = 2x + 3y$ (2) $\dfrac{\partial^2 z}{\partial y^2} - \dfrac{\partial z}{\partial y} = xy$

基本形 7.9 （常微分方程式に帰着できる形）

$$R(x,y)\frac{\partial^2 z}{\partial x^2} + P(x,y)\frac{\partial z}{\partial x} + Z(x,y)z = F(x,y) \quad (7.20)$$

$$T(x,y)\frac{\partial^2 z}{\partial y^2} + Q(x,y)\frac{\partial z}{\partial y} + Z(x,y)z = F(x,y) \quad (7.21)$$

[方針] (7.20) では y について微分した項がない．そこで y を定数であると見て常微分方程式と見なして解き，定数項を y の関数と見なせばよい．(7.21) も同様である．

基本形 7.10 （ラグランジュの偏微分方程式に帰着できる形）

$$R(x,y)\frac{\partial^2 z}{\partial x^2} + S(x,y)\frac{\partial^2 z}{\partial x \partial y} + P(x,y)\frac{\partial z}{\partial x} = F(x,y) \quad (7.22)$$

$$S(x,y)\frac{\partial^2 z}{\partial x \partial y} + T(x,y)\frac{\partial^2 z}{\partial y^2} + Q(x,y)\frac{\partial z}{\partial y} = F(x,y) \quad (7.23)$$

[方針] (7.22) で $p = \dfrac{\partial z}{\partial x}$ とおけば

$$R(x,y)\frac{\partial p}{\partial x} + S(x,y)\frac{\partial p}{\partial y} + P(x,y)p = F(x,y)$$

となって，これはラグランジュの偏微分方程式（7.1.5 項）である．これを解いて p を求め，さらに x で積分すればよい．(7.23) も同様である．

● **数学的なポイント** ●

定数変化法，階数を下げる方法などこれまでに学んできた方法をここでも駆使している．解法を「覚える」のでなく「理解する」必要性があることがわかるであろう．

7.2 2階偏微分方程式

例題 7.9 ─────────── ラグランジュの偏微分方程式に帰着できる形 ─

次の微分方程式の一般解を求めなさい．

$$\frac{\partial^2 z}{\partial x^2} - \frac{\partial^2 z}{\partial x \partial y} + \frac{\partial z}{\partial x} = 0 \tag{a}$$

[解答] $p = \dfrac{\partial z}{\partial x}$ とおくと，この微分方程式は

$$\frac{\partial p}{\partial x} - \frac{\partial p}{\partial y} + p = 0$$

と変形される．これはラグランジュの偏微分方程式 (7.14) である．その特性方程式は

$$\frac{dx}{1} = \frac{dy}{-1} = \frac{dp}{-p}$$

となるので，これを解いて

$$\begin{cases} x + y = a \\ p = be^y \end{cases} \quad (a, b \text{ は任意定数}) \tag{b}$$

を得る．a と b は任意なので，適当な関数 ϕ を用いて $b = \phi(a)$ という関係があるとしてよい．すると

$$\frac{\partial z}{\partial x} = \phi(x+y)e^y \tag{c}$$

を得る．特に ϕ の原始関数を f とすれば，この両辺を x で積分して

$$z = \{f(x+y) + g(y)\}e^y \quad (f, g \text{ は任意関数}) \tag{d}$$

と求める一般解が得られる．

問題

9.1 次の偏微分方程式を解きなさい[†]．

(1) $\dfrac{\partial^2 z}{\partial x \partial y} + \dfrac{\partial^2 z}{\partial y^2} + \dfrac{\partial z}{\partial y} = 0$ 　　(2) $x\dfrac{\partial^2 z}{\partial x^2} = \dfrac{\partial z}{\partial x}$

(3) $\dfrac{\partial^2 z}{\partial y^2} - 2x\dfrac{\partial z}{\partial y} + x^2 z = 1$

[†] 「演習と応用微分方程式」p.96 問題 6.1 参照．

7.2.2 定数係数高階線形偏微分方程式

定数係数の線形常微分方程式について，微分演算子を用いた記号的解法を 4.2 節で学んだ．同様のことが偏微分方程式でも考えられる．

> **基本形 7.11** （定数係数 2 階線形偏微分方程式）
> $$a(D_x - \alpha_1 D_y - \beta_1)(D_x - \alpha_2 D_y - \beta_2)z = f(x,y)$$
> $$\left(a \neq 0,\ \alpha_1, \alpha_2, \beta_1, \beta_2 \text{は実数}, \frac{\partial}{\partial x} = D_x, \frac{\partial}{\partial x} = D_y\right) \quad (7.24)$$

[方針] 2.2.2 項と同様に次のことがわかる（実際に確かめてみよう）．

> **定理 7.1** (7.24) の一般解はその 1 つの特殊解と，(7.24) で右辺 $= 0$ とおいたものの一般解（(7.24) の**余関数**という）の和で表すことができる．

このうち余関数は任意関数 ϕ_1, ϕ_2, ϕ_3 を用いて次のように得られる．

> **定理 7.2** (i) $(D_x - \alpha D_y - \beta)z = 0$ の一般解は, $z = e^{\beta x}\phi_1(\alpha x + y)$
> (ii) $(D_x - \alpha D_y - \beta)^2 z = 0$ の一般解は,
> $$z = e^{\beta x}\{\phi_2(\alpha x + y) + x\phi_3(\alpha x + y)\}$$
> (iii) (7.24) の余関数は, $(D_x - \alpha_1 D_y - \beta_1)z = 0$ の一般解と $(D_x - \alpha_2 D_y - \beta_2)z = 0$ の一般解の和として得られる．

次に特殊解を見つける．$(D_x - \alpha_2 D_x - \beta_2)z = u(x,y)$ とおけば (7.24) は $(D_x - \alpha_1 D_y - \beta_2)u = f(x,y)$ となる．これをラグランジュの偏微分方程式 (7.1.5 項) とみて解いてもよいが，特にこの場合には次の公式[†]を用いて特殊解を求めることができる．

$$u(x,y) = \frac{1}{D_x - \alpha D_y - \beta}f(x,y) = e^{\beta x}\int e^{-\beta x}f(x, k - \alpha x)dx \quad (7.25)$$

（k を定数と見て積分したのち $k = \alpha x + y$ とおく）

[†] (4.14) と比較してみよう．

7.2 2階偏微分方程式

---**例題 7.10**------------------------**定数係数 2 階線形同次偏微分方程式**---

次の偏微分方程式の一般解を求めなさい．
$$\frac{\partial^2 z}{\partial x^2} - \frac{\partial^2 z}{\partial x \partial y} - 2\frac{\partial^2 z}{\partial y^2} - 3\frac{\partial z}{\partial y} - z = x + y \tag{a}$$

[解答] $t^2 - ts - 2ts - 3s - 1 = (t + s + 1)(t - 2s - 1)$ と因数分解できることから (a) は
$$(D_x + D_y + 1)(D_x - 2D_y - 1) = x + y \tag{b}$$
と (7.24) の形に書き直すことができる．定理 7.1 を用いると (a) の余関数は
$$z = e^{-x}\phi_1(-x + y) + e^x \phi_2(2x + y) \quad (\phi_1, \phi_2 \text{ は任意関数}) \tag{c}$$
と与えられることがわかる．一方，(7.25) を用いれば
$$\frac{1}{D_x - 2D_y - 1}(x + y) = e^x \int e^{-x} (x + (k - 2x))\, dx$$
$$= x + 1 - k = 1 - x - y$$

さらに
$$\frac{1}{D_x + D_y + 1} \frac{1}{D_x - 2D_y - 1}(x + y) = \frac{1}{D_x + D_y + 1}(1 - x - y)$$
$$= e^{-x} \int e^x (1 - k - 2x)\, dx = 3 - k - 2x = 3 - x - y$$

と (a) の特殊解が得られるので，求める一般解は
$$z = e^{-x}\phi_1(-x + y) + e^x\phi_2(2x + y) + 3 - x - y \tag{d}$$
と得られる．

～～ **問　題** ～～～～～～～～～～～～～～～～～～～～～～～～～～

10.1 次の偏微分方程式の一般解を求めなさい[†]．

(1) $\dfrac{\partial^2 z}{\partial x^2} - 2\dfrac{\partial^2 z}{\partial x \partial y} + \dfrac{\partial^2 z}{\partial y^2} = xe^{3x+5y}$

(2) $\dfrac{\partial^2 z}{\partial x^2} - 4\dfrac{\partial^2 z}{\partial x \partial y} + 3\dfrac{\partial^2 z}{\partial y^2} + 4\dfrac{\partial z}{\partial x} - 4\dfrac{\partial z}{\partial y} = \sin(3x + y)$

[†] 「演習と応用微分方程式」p.97 問題 7.1, p.98 問題 8.1 参照.

演習問題

1 次の 1 階準線形偏微分方程式の一般解を求めなさい．

(1) $\dfrac{\partial z}{\partial x}\tan x + \dfrac{\partial z}{\partial y}\tan y = \tan z$ 　　(2) $x^2\dfrac{\partial z}{\partial x} - xy\dfrac{\partial z}{\partial y} = -y^2$

2 次の 2 階偏微分方程式を解きなさい．

(1) $y\dfrac{\partial^2 z}{\partial y^2} + \dfrac{\partial z}{\partial y} = xy$

(2) $xy\dfrac{\partial^2 z}{\partial x \partial y} - x\dfrac{\partial z}{\partial x} = y^2$

(3) $x\dfrac{\partial^2 z}{\partial x \partial y} + y\dfrac{\partial^2 z}{\partial y^2} + \dfrac{\partial z}{\partial y} = 10x^3 y$

(4) $\dfrac{\partial^2 z}{\partial y^2} - \dfrac{\partial z}{\partial y} - \dfrac{1}{x}\left(\dfrac{1}{x} - 1\right)z = xy^2 - x^2 y + 2x^3 y - 2x^3$

3 次の 2 階偏微分方程式を解きなさい．

(1) $\dfrac{\partial^2 z}{\partial x^2} - 6\dfrac{\partial^2 z}{\partial x \partial y} + 9\dfrac{\partial^2 z}{\partial y^2} = 24x^2 + 18xy$

(2) $\dfrac{\partial^2 z}{\partial x^2} - 5\dfrac{\partial^2 z}{\partial x \partial y} + 6\dfrac{\partial^2 z}{\partial y^2} = 2x - y$

(3) $\dfrac{\partial^2 z}{\partial x^2} - 2\dfrac{\partial^2 z}{\partial x \partial y} + \dfrac{\partial^2 z}{\partial y^2} = x + y$

(4) $\dfrac{\partial^2 z}{\partial x^2} - 4\dfrac{\partial^2 z}{\partial y^2} = \sin(2x + y)$

(5) $\dfrac{\partial^2 z}{\partial x^2} + \dfrac{\partial^2 z}{\partial x \partial y} + \dfrac{\partial z}{\partial y} - z = e^{3x - y}$

(6) $\dfrac{\partial^2 z}{\partial x^2} - 2\dfrac{\partial^2 z}{\partial x \partial y} + \dfrac{\partial^2 z}{\partial y^2} - 4\dfrac{\partial z}{\partial x} + 4\dfrac{\partial z}{\partial y} + 4z = 0$

(7) $\dfrac{\partial^2 z}{\partial x^2} - \dfrac{\partial^2 z}{\partial x \partial y} - 2\dfrac{\partial z}{\partial x} + \dfrac{\partial z}{\partial y} + z = \sin(x + y)$

第 8 章

フーリエ解析とその応用

本章の目的　フーリエ（Jean Baptist Joseph Fourier, 1768-1830）は熱伝導の様子を表した微分方程式をさまざまな条件下で解いて 1811 年フランス科学院賞を受けた．その研究の過程で彼は，どんな関数でも三角関数の級数で表されるという確信に至った．

その議論は厳密な意味では正しくなかったが，そののち多くの数学者たちの研究対象とされた．

この章ではこの「関数を三角級数で表す」ことと，それが微分方程式を解く上でどのように使われるかを考える．

8.1 フーリエ解析

8.1.1 フーリエ級数

$l > 0$ とする．閉区間 $[-l, l]$ で定義された積分可能な関数 $f(x)$ に対して

$$a_n = \frac{1}{l}\int_{-l}^{l} f(x)\cos\frac{n\pi x}{l}dx \quad (n = 0, 1, 2, \dots) \tag{8.1}$$

$$b_n = \frac{1}{l}\int_{-l}^{l} f(x)\sin\frac{n\pi x}{l}dx \quad (n = 1, 2, 3, \dots) \tag{8.2}$$

を f の区間 $[-l, l]$ における **フーリエ係数** という[†]．次の定理が成り立つ．

定理 8.1 関数 f が区間 $[-l, l]$ で区分的になめらか[††]であるとする．

点 $x \in [-l, l]$ において f が連続ならば

$$f(x) = \frac{a_0}{2} + \sum_{n=1}^{\infty}\left(a_n\cos\frac{n\pi x}{l} + b_n\sin\frac{n\pi x}{l}\right) \tag{8.3}$$

点 $x \in [-l, l]$ において f が不連続であっても

$$\frac{f(x-0) + f(x+0)}{2} = \frac{a_0}{2} + \sum_{n=1}^{\infty}\left(a_n\cos\frac{n\pi x}{l} + b_n\sin\frac{n\pi x}{l}\right) \tag{8.4}$$

が成り立つ．

(8.3) のように関数 f を無限級数で表すことを **フーリエ展開** するといい，この右辺を，f の **フーリエ級数** という．

[†] 普通，単にフーリエ係数といえば $l = \pi$ の場合を言うが，本書では応用を考えて一般の場合について述べる．

[††] 閉区間 $[a, b]$ において関数 f が区分的に連続であるとは，有限個の点 $x_1, x_2, \dots, x_n$ 以外のところで連続であり，どの不連続点 x_i でも左極限 $f(x_i - 0)$ および右極限 $f(x_i + 0)$ が有限の値となるときをいう．さらに f の導関数 f' が $[a, b]$ において区分的に連続であるとき，f は区分的になめらかであるという．

特に f が偶関数（$f(x) = f(-x)$ が常に成り立つ）であるならば全ての n に対して $b_n = 0$ となるから (8.2), (8.3) は

$$f(x) = \sum_{n=0}^{\infty} a_n \cos \frac{n\pi x}{l}, \quad a_n = \frac{2}{l} \int_0^l f(x) \cos \frac{n\pi x}{l} dx \qquad (8.5)$$

となる．これを f のフーリエ余弦級数展開とよぶ．

同様に f が奇関数（$f(x) = -f(-x)$ が常に成り立つ）であるならば全ての n に対して $a_n = 0$ となるから (8.2), (8.3) は

$$f(x) = \sum_{n=1}^{\infty} b_n \sin \frac{n\pi x}{l}, \quad b_n = \frac{2}{l} \int_0^l f(x) \sin \frac{n\pi x}{l} dx \qquad (8.6)$$

となる．これを f のフーリエ正弦級数展開とよぶ．

● **数学的なポイント** ●────────────────

定理 8.1 は，区分的になめらかな関数 f を扱っている．本書ではこのような関数しか扱わないが，一般には (8.3) は成り立たない．そのときにもこのようにフーリエ級数を考えるが，そこでは普通 (8.3) は = の代わりに ~ という記号が使われることが多い．他にどのような f で，また右辺の無限和の意味をどのように考え直したら (8.3) が成り立つのか，といったことがいろいろ研究されている．詳しくは「フーリエ解析」「フーリエ級数論」の書籍にあたられたい．

🌾🌾 **問 題** 🌾🌾🌾🌾🌾🌾🌾🌾🌾🌾🌾🌾🌾🌾🌾🌾🌾🌾🌾🌾🌾🌾🌾

1.1 次の関数をフーリエ展開しなさい[†]．

(1) $f(x) = e^x \quad (-\pi < x < \pi)$

(2) $f(x) = \begin{cases} x & (0 \leq x \leq 1) \\ 0 & (-1 \leq x < 0) \end{cases}$

(3) $f(x) = x^2 + x \quad (-1 < x < 1)$

(4) $f(x) = x^2 \quad (-\pi \leq x \leq \pi)$

(5) $f(x) = x \quad (-\pi < x < \pi)$

(6) $f(x) = |x| \quad (-\pi < x < \pi)$

───────────────

[†] 「演習と応用微分方程式」p.102 の例題 1, 問題 1.1 を参照．

8.1.2 フーリエ積分

区間 $(-\infty, \infty)$ で定義された積分可能な関数 $f(x)$ に対して関数

$$\hat{f}(u) = \frac{1}{\sqrt{2\pi}} \int_{-\infty}^{\infty} f(t) e^{-iut} dt \quad (i \text{ は虚数単位}) \tag{8.7}$$

を $f(t)$ の**フーリエ変換**という．

オイラーの公式†を用いれば

$$\hat{f}(u) = \frac{1}{\sqrt{2\pi}} \int_{-\infty}^{\infty} f(t) \cos ut\, dt + i \frac{1}{\sqrt{2\pi}} \int_{-\infty}^{\infty} f(t) \sin ut\, dt$$

であるから，このフーリエ変換は「無限区間のフーリエ係数」と見ることもできる．実際，定理 8.1 と同様の次の定理が成立する．

定理 8.2 関数 f が区間 $(-\infty, \infty)$ で区分的になめらかで，$|f|$ が $(-\infty, \infty)$ で可積分であるとする．このとき
点 $x \in (-\infty, \infty)$ において f が連続ならば

$$f(x) = \frac{1}{\sqrt{2\pi}} \int_{-\infty}^{\infty} \hat{f}(u) e^{iux} du \tag{8.8}$$

不連続点においてもこの右辺は $\dfrac{f(x-0) + f(x+0)}{2}$ に等しい．

(8.8) の積分は**フーリエ逆変換**とよばれる．

(8.7) を (8.8) に代入し，オイラーの公式を使って整理すると次のフーリエの**重積分公式**が得られる．

定理 8.3 定理 8.2 の条件を満たす f について，点 $x \in (\infty, \infty)$ において f が連続ならば

$$f(x) = \frac{1}{\pi} \int_{0}^{\infty} \left(\int_{-\infty}^{\infty} f(t) \cos u(t - x) dt \right) du \tag{8.9}$$

が成り立つ．不連続点においてもこの右辺は $\dfrac{f(x-0) + f(x+0)}{2}$ に等しい．

---

† $e^{i\theta} = \cos\theta + i\sin\theta$．このページでは複素数の知識を少し用いるが，大体のことを見ておけばよい．

―― 例題 8.2 ―――――――――――――――― フーリエ重積分公式 ――

フーリエ重積分公式を関数 $f(x) = \begin{cases} 1 & (|x| \leq 1) \\ 0 & (|x| > 1) \end{cases}$ に適用することによって $\int_0^\infty \dfrac{\sin u}{u} du$ の値を計算しなさい.

[解答] $f(x)$ は $(-\infty, \infty)$ で区分的になめらかで可積分であるから，フーリエ重積分公式が適用できる．公式の左辺は

$$\frac{1}{\pi} \int_0^\infty \left(\int_{-1}^1 \cos u(t-x) dt \right) du = \frac{1}{\pi} \int_0^\infty \frac{2\cos ux \sin u}{u} du$$

となる．f は $x = \pm 1$ 以外の点では連続であり，$f(-1-0) = f(1+0) = 0$, $f(-1+0) = f(1-0) = 1$ だから

$$\frac{2}{\pi} \int_0^\infty \frac{\cos ux \sin u}{u} du = \begin{cases} 1 & (|x| < 1) \\ \dfrac{1}{2} & (|x| = 1) \\ 0 & (|x| > 1) \end{cases} \tag{a}$$

となるので，特に $x = 0$ とおけば $\int_0^\infty \dfrac{\sin u}{u} du = 1$ とわかる.

● 数学的なポイント ●─────────────────────────

フーリエ重積分公式は，$f(t)$ と $\cos ut$ をたたみ込み積分 (convolution) し，それを「全て集める」と元に戻ると主張している.

● 問 題 ●

2.1 フーリエ重積分公式を関数 $f(x) = \begin{cases} \pi e^{-x} & (x \geq 0) \\ 0 & (x < 0) \end{cases}$ に適用することによって $\int_0^\infty \dfrac{1}{1+u^2} du$ の値を計算しなさい[†].

───────────
† 「演習微分方程式」p.103 の問題 2.1 の解答を参照.

8.2 偏微分方程式の境界値問題

8.2.1 変 数 分 離 法

x と t の関数 u に関する次の偏微分方程式を考える(例題 8.6 参照).

$$\begin{cases} \dfrac{\partial u}{\partial t} = k^2 \dfrac{\partial^2 u}{\partial x^2} & (0 < x < l, t > 0) \\ 境界条件:u(0,t) = u(l,t) = 0 & (t \geq 0) \end{cases} \tag{8.10}$$

第 7 章で色々な偏微分方程式の解法を学んだが,単純に見えるこの微分方程式もそれらの方法では解けそうもない.しかしこの偏微分方程式では,境界条件が与えられている.このように境界条件が与えられている場合を,偏微分方程式の**境界値問題**とよぶ.

このような問題に対して具体的に解を構成する 1 つの方法を述べよう.

u は x, t の 2 つの変数を持つが,特に

$$u(x,t) = g(x)h(t) \tag{8.11}$$

という形の解があるならば扱いやすいのではないだろうか.そこで (8.11) を (8.10) に代入してみると,$g(x)h'(t) = c^2 g''(x)h(t)$ すなわち

$$\frac{g''(x)}{g(x)} = \frac{1}{k^2}\frac{h'(t)}{h(t)} \tag{8.12}$$

となる.この左辺は x の値のみ,右辺は t の値のみによって決まることから,両辺が定数でなければならない.その定数を λ とおけば 2 つの常微分方程式

$$g''(x) = \lambda g(x), \quad h'(t) = \lambda k^2 h(t) \tag{8.13}$$

が得られる.これから h は直ちに $h(t) = C_0 e^{\lambda k^2 t}$ と求められ,g も λ の正負が決まれば容易にわかるので,それらを用いて $u(x,t) = g(x)h(t)$ という形の解を構成することができる.このような方法は 2.1 節の方法と同様に**変数分離法**とよばれる.

8.2 偏微分方程式の境界値問題

ここで g を求めるために，(8.12) の両辺の値 λ の正負を調べよう．これには次のようなやり方が知られている．

部分積分を用い，境界条件を用いると

$$0 \leq \int_0^l (g'(x))^2 dx = \left[g(x)g'(x)\right]_0^l - \int_0^l g(x)g''(x)dx$$
$$= (0-0) - \int_0^l g(x)\cdot \lambda g(x)dx = -\lambda \int_0^l (g(x))^2 dx$$

となる．最後の被積分関数は非負だから，$\lambda < 0$ とわかる．

したがってこの場合

$$g(x) = C_1' \cos\sqrt{-\lambda}x + C_2' \sin\sqrt{-\lambda}x \tag{8.14}$$

となるので，偏微分方程式 (8.10) の解として

$$u(x,t) = e^{\lambda k^2 t}\left(C_1 \cos\sqrt{-\lambda}x + C_2 \sin\sqrt{-\lambda}x\right)$$
$$(C_1, C_2, \lambda < 0 \text{ は定数}) \tag{8.15}$$

という形の解があることがわかる．

問題

3.1 次の偏微分方程式に対し，変数分離法により $u(x,t) = g(x)h(t)$ の形の解を求めよ[†]．

(1) $\begin{cases} \dfrac{\partial^2 u}{\partial t^2} = c^2 \dfrac{\partial^2 u}{\partial x^2} \quad (0 < x < l, t > 0) \\ u(0,t) = u(l,t) = 0 \quad (t \geq 0) \end{cases}$

(2) $\begin{cases} \Delta u = \dfrac{\partial^2 u}{\partial x^2} + \dfrac{\partial^2 u}{\partial y^2} = 0 \quad (0 \leq x \leq a, 0 \leq y \leq b) \\ u(0,y) = u(a,y) = 0 \end{cases}$

(3)[††] $\dfrac{\partial u}{\partial t} = k^2 \dfrac{\partial^2 u}{\partial x^2} \quad (-\infty < x < \infty, t > 0)$

[†] 「演習微分方程式」p.144 の例題 5, p.156 例題 10, p.154 例題 9 参照．

[††] この場合，$\lim\limits_{x \to \pm\infty} u(x,t) = 0$ とみてよい．

8.2.2 双曲型偏微分方程式

波の伝搬を表す偏微分方程式(波動方程式)を考える[†].

例題 8.4 ──────────────── 波動方程式(有限区間)

x と t の関数 u に関する次の偏微分方程式を解きなさい.

$$\frac{\partial^2 u}{\partial t^2} = c^2 \frac{\partial^2 u}{\partial x^2} \quad (0 < x < l, t > 0) \tag{a}$$

境界条件:$u(0,t) = u(l,t) = 0 \quad (t \geq 0)$ (b)

初期条件:$\begin{cases} u(x,0) = f(x) \\ \dfrac{\partial}{\partial t}u(x,0) = F(x) \end{cases} \quad (0 \leq x \leq l)$ (c)

これは両端が固定された長さ l の弦の振動を表している.

[解答] 8.2.1 項の方法によって $u(x,t) = g(x)h(t)$ の形の解を求めると

$$g(x) = a\cos\mu x + b\sin\mu x$$
$$h(t) = A\cos c\mu x + B\sin c\mu x$$

($a, b, A, B, \mu = \sqrt{-\lambda} \geq 0$ は定数)

という形になる.境界条件 (b) により,$g(0) = g(l) = 0$ なので,$a = 0$,また $b\sin\mu x = 0$,すなわち $\mu = \dfrac{n\pi}{l}$ (n は整数) となるので,この形の解は

$$u_n(x,t) = \sin\frac{n\pi x}{l}\left(C_n \cos\frac{n\pi ct}{l} + D_n \sin\frac{n\pi ct}{l}\right) \quad (n = 1, 2, 3, \cdots)$$

と複数あることがわかる.(a) は u について線形であり,u を含まない項がないので,これらの解の線形結合もまたこの解になる[††].したがって,境界条件 (b) を満たす (a) の解は

$$u(x,t) = \sum_{n=0}^{\infty} \sin\frac{n\pi x}{l}\left(C_n \cos\frac{n\pi ct}{l} + D_n \sin\frac{n\pi ct}{l}\right) \tag{d}$$

[†] (a) のような形の偏微分方程式は,双曲型とよばれる.
[††] 例えば 2.2.2 項や p.122 の定理 7.1 を参照.この性質は,物理的な現象を踏まえて重ね合わせの原理とよばれることもある.

という形で与えられることになる．解 (d) に対して $t = 0$ のとき，初期条件 (c) を用いると

$$u(x, 0) = \sum_{n=0}^{\infty} C_n \sin \frac{n\pi x}{l} = f(x) \tag{e}$$

$$\frac{\partial}{\partial t} u(x, 0) = \sum_{n=0}^{\infty} \left(D_n \frac{n\pi c}{l} \right) \sin \frac{n\pi x}{l} = F(x) \tag{f}$$

が得られる[†]．

一方，関数 f, F は区間 $[0, l]$ で定義されているが，特に

$$f(0) = f(l) = 0, \quad F(0) = F(l) \tag{g}$$

$x \in [-l, 0]$ のときに

$$f(x) = -f(-x), \quad F(x) = -F(-x) \tag{h}$$

と定めることにすると，f, F は区間 $[-l, l]$ において奇関数となるので

$$f(x) = \sum_{n=1}^{\infty} \left(\frac{2}{l} \int_0^l f(x) \sin \frac{n\pi x}{l} dx \right) \sin \frac{n\pi x}{l} \tag{i}$$

$$F(x) = \sum_{n=1}^{\infty} \left(\frac{2}{l} \int_0^l F(x) \sin \frac{n\pi x}{l} dx \right) \sin \frac{n\pi x}{l} \tag{j}$$

とフーリエ正弦級数で表される[†]．これを (e), (f) と比較をすれば

$$C_n = \frac{2}{l} \int_0^l f(x) \sin \frac{n\pi x}{l} dx \tag{k}$$

$$D_n = \frac{2}{n\pi c} \int_0^l F(x) \sin \frac{n\pi x}{l} dx \tag{l}$$

と係数 C_n, D_n が求まり，(d) の形の解が確定する．

[†] 本来，フーリエ級数の収束性や無限級数についての項別微分可能性を論じなければならないが，この場合 $f'(x)$, $F'(x)$ が区分的に連続であればよい．ここではそうした都合のよい場合を扱っているものとする．

p.133 の拡張として，次のような場合にもフーリエ解析を用いて解くことができる．

例題 8.5 ──────── 波動方程式（有限区間）・外力項がある場合 ──

x と t の関数 u に関する次の偏微分方程式を解きなさい．

$$\frac{\partial^2 u}{\partial t^2} = c^2 \frac{\partial^2 u}{\partial x^2} + F(x,t) \quad (0 < x < l, t > 0) \tag{a}$$

境界条件：$u(0,t) = u(l,t) = 0 \quad (t \geq 0)$ \hfill (b)

初期条件：$u(x,0) = f(t), \quad \dfrac{\partial}{\partial t}u(x,0) = g(x)$ \hfill (c)

これは両端が固定された長さ l の弦に対して，外力 F が働いている場合の振動を表している．

[解 答] 例題 8.4 (p.132 (d)) にならって，

$$u(x,t) = \sum_{n=0}^{\infty} \sin \frac{n\pi x}{l} h_n(t) \tag{d}$$

の形の解があるとして考えてみよう．これを (a) に代入して変形すると[†]

$$F(x,t) = \sum_{n=1}^{\infty} \sin \frac{n\pi x}{l} \left(h_n''(t) + \left(\frac{n\pi c}{l}\right)^2 h_n(t) \right) \tag{e}$$

となる．

ここで F は t を固定して x のみの関数であると考える．(e) の右辺を見ると x について正弦級数になっている．F は $x \in [0,l]$ で定義されているが，$x \in [-l,0]$ のときにも p.133 (g), (h) と同様に $F(x,t)$ が奇関数になるように定めると

$$F(x,t) = \sum_{n=1}^{\infty} F_n(t) \sin \frac{n\pi x}{l}, \quad F_n(t) = \frac{2}{l} \int_0^l F(\xi,t) \sin \frac{n\pi \xi}{l} d\xi \tag{f}$$

とフーリエ正弦級数に展開できることになる．(e) と (f) を比較すると，常微

[†] 項別微分などは自在にできるものと考える．

分方程式
$$h_n''(t) + \left(\frac{n\pi c}{l}\right)^2 h_n(t) = F_n(t) \tag{g}$$
が得られる．これは 2 階線形常微分方程式（p.76 の (4.24) の形）だから，一般解（任意定数を 2 つ含む解）を求めることができる．

一方，初期条件 (c) に現れる f, g についてもまた奇関数になるように拡張し，フーリエ正弦級数に展開することを考えると

$$f(x) = u(x,0) = \sum_{n=1}^{\infty} h_n(0) \sin \frac{n\pi x}{l} \tag{h}$$

$$g(x) = u_t(x,0) = \sum_{n=1}^{\infty} h_n'(0) \sin \frac{n\pi x}{l} \tag{i}$$

となるので

$$\begin{aligned}h_n(0) &= \frac{2}{l}\int_0^l f(\xi) \sin \frac{n\pi \xi}{l} d\xi \\ h_n'(0) &= \frac{2}{l}\int_0^l g(\xi) \sin \frac{n\pi \xi}{l} d\xi\end{aligned} \tag{j}$$

を得る．これは (g) の初期条件，すなわち (g) の一般解およびその導関数の $t = 0$ のときの値であるから，これらを代入することによって，求める特殊解 h_n が確定し，(d) の形の解が構成できる．

問題

5.1 次の偏微分方程式を解きなさい[†]．

$$\begin{cases} \dfrac{\partial^2 u}{\partial t^2} = c^2 \dfrac{\partial^2 u}{\partial x^2} + x & (0 < x < l, t > 0) \\ u(0,t) = u(l,t) = 0 & (t \geq 0) \\ u(x,0) = 0, \dfrac{\partial}{\partial t}u(x,0) = 0 & (0 \leq x \leq l) \end{cases}$$

[†] 「演習微分方程式」p.149 の問題 6.1 を参照．

───例題 8.6─────────────────────波動方程式（無限区間）†───

x と t の関数 u に関する次の偏微分方程式を解きなさい．

$$\frac{\partial^2 u}{\partial x^2} = c^2 \frac{\partial^2 u}{\partial t^2} \quad (-\infty < x < \infty, t > 0) \qquad \text{(a)}$$

初期条件：$u(x,0) = f(x), \quad \dfrac{\partial}{\partial t}u(x,0) = F(x)$ （b）

［解 答］ $u = A\cos(ax + bt + \alpha)$ （A, a, b, α は定数）とおいて (a) に代入すると，$b = \pm ca$ を得るので，$u = \cos a(x \pm ct + \alpha/a)$ およびその線形結合は (a) の解になることがわかる．

初期条件 (b) を満たす解を直接見つけるのは難しいので，代わりに

$$u(x,0) = f(x), \quad \frac{\partial}{\partial t}u(x,0) = 0 \qquad \text{(c)}$$

を満たす解を探すことにする．$u = A\cos a(x+ct+\alpha/a) + B\cos a(x-ct+\alpha/a)$ （A, B は定数）とおいて代入し，(c) の 2 つ目の条件を使うと，$A = B$ という関係が得られるので

$$u = \cos\xi(x+ct-\lambda) + \cos\xi(x-ct-\lambda) \quad (\lambda, \xi \text{ は任意の実数}) \qquad \text{(d)}$$

という式が得られる．

フーリエの重積分公式 (p.128) を見ながら

$$u_1(x,t) = \frac{1}{2\pi} \int_0^\infty \left(\int_{-\infty}^\infty f(\lambda) \Big(\cos\xi(x+ct-\lambda) + \cos\xi(x-ct-\lambda) \Big) d\lambda \right) d\xi$$

とおく．これは (a) を満たす．さらにフーリエの重積分公式と比較すれば

$$u_1(x,t) = \frac{1}{2}(f(x+ct) + f(x-ct)) \qquad \text{(e)}$$

となることがわかり，これは (c) を満たす．

---

† この問題は，考えている x の範囲が無限区間で境界がないので「境界値問題」とよべないかもしれないが，フーリエ解析を用いて解くことができる．

8.2 偏微分方程式の境界値問題

次に，初期条件

$$u(x,0) = 0, \quad \frac{\partial}{\partial t}u(x,0) = F(x) \tag{f}$$

を満たす (a) の解を探すことにする．今度は $u(x,t) = A\sin(ax + bt + \alpha)$ とおいてみる．すると，(d) と同様にして

$$u = \sin\xi(x + ct - \lambda) - \sin\xi(x - ct - \lambda) \tag{g}$$

という解が得られる．これを使って，天下り的だが

$$u_2(x,t) = \frac{1}{2c\pi}\int_0^\infty \left(\int_{-\infty}^\infty F(\lambda)(\sin\xi(x + ct - \lambda) - \sin\xi(x - ct - \lambda))d\lambda\right)\frac{d\xi}{\xi} \tag{h}$$

とおいてみよう．するとこの u_2 が (a) を満たすことはすぐにわかる．また，この両辺を t で微分すると，フーリエ重積分公式から

$$\frac{\partial}{\partial t}u_2(x,0) = \frac{1}{c\pi}\int_0^\infty \left(\int_{-\infty}^\infty F(\lambda)\cos\xi(x - \lambda)d\lambda\right)d\xi = F(x)$$

が得られ，u_2 が (f) を満たすこともわかる．

(h) の積分の順序を交換し，章末の演習問題 1 の結果を使えば

$$u_2(x,t) = \frac{1}{2c}\int_{x-ct}^{x+ct} F(\lambda)d\lambda \tag{i}$$

となることがわかる．

ここで $u(x,t) = u_1(x,t) + u_2(x,t)$，すなわち

$$u(x,t) = \frac{1}{2}(f(x+ct) + f(x-ct)) + \frac{1}{2c}\int_{x-ct}^{x+ct} F(\lambda)d\lambda \tag{j}$$

とおくと，この u が (a) を満たすことはすぐにわかり，また (e), (i) から，この u が (b) を満たすこともわかる．すなわち (j) が求める解となる．

(j) はストークス[†]の波動公式とよばれている．

[†] ストークス：George Gabriel Stokes (1819-1903)

8.2.3 放物型偏微分方程式

熱の伝搬を表す偏微分方程式（**熱伝導方程式**）を考える[†]．

―― 例題 8.7 ―――――――――――――― 熱伝導方程式（有限区間）――

x と t の関数 u に関する次の偏微分方程式を解きなさい．

$$\frac{\partial u}{\partial t} = k^2 \frac{\partial^2 u}{\partial x^2} \quad (0 < x < c,\ t > 0) \tag{a}$$

$$u(0, t) = u(c, t) = 0 \quad (t \geq 0) \tag{b}$$

$$u(x, 0) = f(x) \quad (0 \leq x \leq c) \tag{c}$$

[解 答] この偏微分方程式が

$$u(x, t) = e^{\lambda k^2 t}\left(C_1 \cos\sqrt{-\lambda}x + C_2 \sin\sqrt{-\lambda}x\right) \tag{d}$$

という形の解を持つことは p.131 で示した．ここでは，さらに任意定数を決定して，解を具体的に求めよう．

ここに (b) を代入すると，$u(0, t) = e^{\lambda k^2 t} C_1 = 0$ すなわち $C_1 = 0$ とわかる．したがって

$$u(c, t) = e^{\lambda k^2 t} C_2 \sin\sqrt{-\lambda}c \tag{e}$$

$C_2 = 0$ では $u(x, t) = 0$（定数）となってしまうので，$C_2 \neq 0$．よって

$$\sin\sqrt{-\lambda}c = 0 \quad \text{すなわち} \quad \lambda = -\frac{n^2 \pi^2}{c^2} \quad (n = 1, 2, \ldots)$$

となることがわかる．

このことから，求める微分方程式の解として

$$u(x, t) = A_n \exp\left(-\frac{n^2 \pi^2}{c^2} k^2 t\right) \sin\frac{n\pi}{c}x \quad (n = 1, 2, 3, \ldots,\ A_n\ \text{は定数}) \tag{f}$$

という形のものがあることがわかる．

[†] 一般に (a) のように，t（時間）について 1 階，x（位置）について 2 階の偏微分方程式を，**放物型**とよぶ．

8.2 偏微分方程式の境界値問題

(a) は線形であるから, (f) の和もまた解になる. そこで形式的に

$$u(x,t) = \sum_{n=1}^{\infty} A_n \exp\left(-\frac{n^2\pi^2}{c^2}k^2 t\right)\sin\frac{n\pi}{c}x$$

とおき, (c) を満たすように A_n を定めることを考える. すなわち

$$u(x,0) = \sum_{n=1}^{\infty} A_n \sin\frac{n\pi}{c}x = f(x)$$

である.

関数 f は区間 $[0,c]$ で定義されているが, 特に

$$f(0) = f(c) = 0, \quad f(x) = -f(-x) \quad (-c < x < 0) \tag{g}$$

と定めることにすれば, f, F は区間 $[-c,c]$ において奇関数となる. よって $f(x)$ はフーリエ正弦級数に展開できることになる[†]. すると

$$A_n = \frac{2}{c}\int_0^c f(x)\sin\frac{n\pi}{c}x\,dx \tag{h}$$

と定めることができる.

問題

7.1 次の熱伝導方程式の初期値・境界値問題を解きなさい[††].

$$\begin{cases} \dfrac{\partial u}{\partial t} = k^2 \dfrac{\partial^2 u}{\partial x^2} & (0 < x < c,\, t > 0) \\ u(0,t) = u(c,t) = 0 & (t \geq 0) \\ u(x,0) = \begin{cases} 1 & \left(0 \leq x < \dfrac{c}{2}\right) \\ 0 & \left(\dfrac{c}{2} < x \leq c\right) \end{cases} \end{cases}$$

[†] p.133(h) も参照.

[††] 「演習微分方程式」p.153 の問題 8.1(1) を参照.

───例題 8.8─────────────────熱伝導方程式（無限区間）───

x と t の関数 u に関する次の偏微分方程式を解きなさい．

$$\frac{\partial u}{\partial t} = k^2 \frac{\partial^2 u}{\partial x^2} \quad (-\infty < x < \infty, t > 0) \tag{a}$$

$$u(x,0) = f(x) \quad (-\infty < x < \infty) \tag{b}$$

[解 答] p.131 で示したように，$\alpha > 0$ を用いて

$$u(x,t) = e^{-\alpha^2 k^2 t}(C_1 \cos \alpha x + C_2 \sin \alpha x) \tag{c}$$

という解を持つことがわかる．定数 C_1, C_2 を定数 C, λ を用いて $C_1 = C\cos\alpha\lambda$, $C_2 = C\sin\alpha\lambda$ と表すことにすれば

$$u(x,t) = Ce^{-\alpha^2 \lambda k^2 t} \cos\alpha(x-\lambda) \tag{d}$$

となることがわかる．

例題 8.5（p.134）と同様にフーリエの重積分公式（p.128）を見ながら

$$u(x,t) = \frac{1}{\pi}\int_0^\infty \left(\int_{-\infty}^\infty e^{-\alpha^2\lambda k^2 t}\cos\alpha(x-\lambda)f(\lambda)d\lambda\right)d\alpha \tag{e}$$

とおいてみると，これが (a) を満たすことがわかり†，さらに $t=0$ とおけば

$$u(x,0) = \frac{1}{\pi}\int_0^\infty \left(\int_{-\infty}^\infty \cos\alpha(x-\lambda)f(\lambda)d\lambda\right)d\alpha = f(\lambda) \tag{f}$$

となることもわかる．

一応これで解けたことにはなるのだが，2 重積分の形になっていて見にくいのでその順序を変え†，内側の α に関する積分

$$\phi(x) = \int_0^\infty e^{-\alpha^2\lambda k^2 t}\cos\alpha(x-\lambda)f(\lambda)d\alpha \tag{g}$$

を具体的に計算する．

---

† 微分と積分，および 2 重積分の順序交換が可能となるような f であると仮定する．

$$\begin{aligned}
\frac{d\phi}{dx} &= \frac{d}{dx}\int_0^\infty e^{-\alpha^2\lambda k^2 t}\cos\alpha(x-\lambda)d\alpha \\
&= \int_0^\infty \frac{\partial}{\partial t}e^{-\alpha^2\lambda k^2 t}\cos\alpha(x-\lambda)d\alpha \\
&= \int_0^\infty -\alpha e^{-\alpha^2\lambda k^2 t}\sin\alpha(x-\lambda)d\alpha \\
&= \left[\frac{e^{-\alpha^2\lambda k^2 t}}{2k^2 t}\sin\alpha(x-\lambda)\right]_0^\infty - \frac{x-\lambda}{2k^2 t}\int_0^\infty e^{-\alpha^2\lambda k^2 t}\cos\alpha(x-\lambda)d\alpha
\end{aligned}$$

であるから，ϕ は微分方程式

$$\frac{d\phi}{dx} = -\frac{x-\lambda}{2k^2 t}\phi(x) \tag{h}$$

を満たすことがわかり，これを解けば $\phi(x) = C_0 e^{-\frac{(x-\lambda)^2}{4k^2 t}}$ を得る．(g) から

$$C_0 = \phi(\lambda) = \int_0^\infty e^{-k^2\alpha^2 t}d\alpha = \frac{1}{k\sqrt{t}}\int_0^\infty e^{-u^2}du = \frac{k}{2k\sqrt{t}}$$

となることから，求める解は

$$u(x,t) = \frac{1}{2k\sqrt{\pi t}}\int_{-\infty}^\infty f(\lambda)e^{-\frac{(x-\lambda)^2}{4k^2 t}} \tag{i}$$

さらに $\xi = -\dfrac{x-\lambda}{2k\sqrt{t}}$ とおいて次のように表されることがわかる．

$$u(x,t) = \frac{1}{\sqrt{\pi}}\int_{-\infty}^\infty f(x+2k\xi\sqrt{t})e^{-\xi^2}d\xi \tag{j}$$

≈≈ **問　題** ≈≈≈≈≈≈≈≈≈≈≈≈≈≈≈≈≈≈≈≈

8.1 次の熱伝導方程式の初期値問題を解きなさい[†]．

$$\begin{cases} \dfrac{\partial u}{\partial t} = k^2\dfrac{\partial^2 u}{\partial x^2} & (-\infty < x < \infty, t > 0) \\ u(x,0) = \begin{cases} 1 & (-1 \leq x < 1) \\ 0 & (その他) \end{cases} \end{cases}$$

[†] 「演習微分方程式」p.155 の問題 9.1 (2) を参照．

8.2.4 楕円型偏微分方程式

長方形領域における時間不変の境界値問題を考える[†].

――例題 8.9――――――――――――――――ラプラスの方程式――

x と y の関数 u に関する次の偏微分方程式を解きなさい.

$$\Delta u = \frac{\partial^2 u}{\partial x^2} + \frac{\partial^2 u}{\partial y^2} = 0 \quad (0 \leq x \leq a, 0 \leq y \leq b) \tag{a}$$

$$u(0, y) = u(a, y) = 0 \quad (0 \leq y \leq b) \tag{b}$$

$$u(x, b) = 0, \quad u(x, 0) = f(x), \quad f(0) = f(a) = 0 \quad (0 \leq x \leq a) \tag{c}$$

[解 答] p.130 の変数分離法を用いると 2 つの常微分方程式

$$g''(x) = \lambda g(x), \quad h''(t) + \lambda h(t) = 0 \quad (\lambda \text{ は } \lambda < 0 \text{ を満たす定数}) \tag{d}$$

を得る.この第 1 式を解けば,g は

$$g(x) = C_1 \cos \sqrt{-\lambda} x + C_2 \sin \sqrt{-\lambda} x \tag{e}$$

という形になる.(b) から $g(0) = g(a) = 0$ となるので $C_1 = 0$,また

$$\sin \sqrt{-\lambda} a = 0 \quad \text{すなわち} \quad \lambda = -\left(\frac{n\pi}{a}\right)^2 \quad (n = 1, 2, 3, \ldots) \tag{f}$$

とわかるので,g として

$$g_n(x) = \sin \frac{n\pi x}{a} \quad (n = 1, 2, 3, \ldots) \tag{g}$$

という形のものがあることがわかる.

一方 (d) の第 2 式に $\lambda = -\left(\frac{n\pi}{a}\right)^2$ を代入すれば,h として

$$\begin{aligned} h_n(y) &= A_n e^{n\pi y/a} + B_n e^{-n\pi y/a} \\ &= (A_n + B_n) \cosh \frac{n\pi}{a} y + (A_n - B_n) \sinh \frac{n\pi}{a} y \end{aligned} \tag{h}$$

という形のものがあることがわかる.境界条件 (c) から,各 n に対して

[†] 一般に (a) の形の偏微分方程式を,**楕円型**とよぶ.

$u(x,b) = g_n(x)h_n(b) = 0$ （定数），すなわち $h_n(b) = 0$ となる．よって

$$\frac{A_n + B_n}{\sinh \frac{n\pi}{a}b} = -\frac{A_n - B_n}{\cosh \frac{n\pi}{a}b} \quad (= C_n \text{とおく}) \tag{i}$$

でなくてはならない．これを代入して双曲線関数の加法定理を用いれば

$$u(x,y) = C_n \sin \frac{n\pi}{a}x \sinh \frac{n\pi}{a}(y-b) \quad (n = 1, 2, 3, \ldots) \tag{j}$$

さらに (a) は線形なので，これらの（無限）線形結合

$$u(x,y) = \sum_{n=1}^{\infty} C_n \sin \frac{n\pi}{a}x \sinh \frac{n\pi}{a}(y-b) \tag{k}$$

が解になることがわかる．

f は $[0,a]$ で定義されているが，p.133 の方法で奇関数になるように $[-a,a]$ に拡張すれば，フーリエ正弦級数を用いて

$$f(x) = \frac{2}{a} \sum_{n=1}^{\infty} \sin \frac{n\pi}{a}x \int_0^a f(\lambda) \sin \frac{n\pi\lambda}{a} d\lambda \tag{l}$$

と表すことができる．(k) において $y = 0$ とおけば (l) と等しくなるはずだから，これらを比較すると，定数 C_n について

$$C_n \sinh \frac{n\pi}{a}(-b) = \frac{2}{a} \int_0^a f(\lambda) \sin \frac{n\pi\lambda}{a} d\lambda \tag{m}$$

が成り立つ．よって求める解は次のようになることがわかる．

$$u(x,y) = \sum_{n=1}^{\infty} \sin \frac{n\pi}{a}x \sinh \frac{n\pi(b-y)}{a} \frac{1}{\sinh \frac{n\pi b}{a}} \int_0^a f(\lambda) \sin \frac{n\pi\lambda}{a} d\lambda \tag{n}$$

≈≈ 問 題 ≈≈≈≈≈≈≈≈≈≈≈≈≈≈≈≈≈≈≈≈≈≈≈

9.1 x と y の関数 u に関する次の偏微分方程式を解きなさい[†]．

$$\begin{cases} \Delta u = \dfrac{\partial^2 u}{\partial x^2} + \dfrac{\partial^2 u}{\partial y^2} = 0 \quad (0 \leq x \leq a, 0 \leq y \leq b) \\ u(0,y) = u(a,y) = 0 \quad (0 \leq y \leq b) \\ u(x,b) = 0, \quad u(x,0) = \sin \dfrac{nx}{a} \quad (0 \leq x \leq a) \end{cases}$$

[†] 「演習微分方程式」p.157 の問題 10.1 を参照．

演習問題

1 次の関係を示しなさい[†].
$$\int_0^\infty (\sin\xi(x+ct-\lambda) - \sin\xi(x-ct-\lambda))\frac{d\xi}{\xi} = \begin{cases} \pi & (x-ct < \lambda < x+ct) \\ 0 & (\lambda < x-ct, \lambda > x+ct) \end{cases}$$

2 次の偏微分方程式を解きなさい.
$$\begin{cases} \dfrac{\partial^2 u}{\partial t^2} = c^2 \dfrac{\partial^2}{\partial x^2} & (-1 < x < 1, \, t > 0) \\ u(-1,t) = u(1,t) = 0 \quad (t \geq 0), \quad u(x,0) = \begin{cases} x+1 & (-1 \leq x \leq 0) \\ -x+1 & (0 \leq x \leq 1) \end{cases} \\ u_t(x,0) = 0 \quad (-1 \leq x \leq 1) \end{cases}$$

3 次の偏微分方程式を解きなさい[††].
$$\begin{cases} \dfrac{\partial u}{\partial t} = c^2 \dfrac{\partial^2 u}{\partial x^2} & (0 < x < \pi, \, t > 0) \\ u(0,t) = 0, \quad u(\pi,t) = A\,(\text{定数}) \quad (t \geq 0) \\ u(x,0) = f(x) \quad (0 \leq x \leq \pi) \end{cases}$$

4 次の偏微分方程式を解きなさい[††].
$$\begin{cases} \dfrac{\partial u}{\partial t} = c^2 \dfrac{\partial^2 u}{\partial x^2} & (0 < x < \pi, \, t > 0) \\ u_x(0,t) = u_x(\pi,t) = 0 \quad (t \geq 0) \\ u(x,0) = f(x) \quad (0 \leq x \leq \pi) \end{cases}$$

[†] 例題 8.2 の結果を用いる.

[††] x 軸方向に平行移動して，区間 $\left[-\dfrac{\pi}{2}, \dfrac{\pi}{2}\right]$ で考えよう.

第 9 章

ラプラス変換とその応用

本章の目的　ラプラス (Pierre Simon Laplace, 1749-1827) は数学，特に解析学を中心としながら確率論，天文学など幅広い分野に活躍した．その彼の名前を冠したこのラプラス変換は，彼が初めて用いた手法ではないが，1812 年に出版された Théorie analyutique des probabilités の第 1 巻において微分方程式や差分方程式の解法に幅広く用いられ，その後第 4 章で学んだ演算子法へと発展していく大きな足がかりともなった．

これまでの章で見てきたように，微分方程式を解くためには多くの場合微積分の複雑な計算をしなくてはならない．

それを簡単な代数計算に置き換えて計算することのすばらしさを是非味わってほしい．

9.1 ラプラス変換

$x \geq 0$ で定義された関数 $y = f(x)$ を考える．実数 s に対して積分

$$F(s) = \int_0^\infty e^{-sx} f(x) dx \tag{9.1}$$

の値が定まるとき†，それによって定義される関数 F を，f の**ラプラス変換**††
といい，$L(f(x)), L(f)$ などと表す．すなわち

$$L(f)(s) = \int_0^\infty e^{-sx} f(x) dx \tag{9.2}$$

である．

● **数学的なポイント** ●―――――――――――――――――

何のためにこんな変換をするのだろうか．次は1つの答えである．

定理 9.1 (1) $\displaystyle\lim_{x \to \infty} e^{-xs} f(x) = 0$ のとき

$$L(f')(s) = sF(s) - f(0) \tag{9.3}$$

(2) $\displaystyle\lim_{x \to \infty} e^{-xs} \int_0^x f(t) dt = 0$ のとき

$$L\left(\int_0^x f\right)(s) = \frac{1}{s} F(s) \tag{9.4}$$

標語的に言えば，f を微分したり積分したりすると，そのラプラス変換は F の s 倍，$\dfrac{1}{s}$ 倍になるということである．微分演算子（4.2.2項，p.70）を思い出した人もあるだろう．

(9.3) を繰り返し用いれば，「性質のよい」関数に対して次のこともわかる．

$$L(f^{(n)})(s) = s^n F(s) - \left(\sum_{k=0}^{n-1} s^{n-k} f^{(k)}(0)\right) \tag{9.5}$$

---

† 一般にはどんな f や s についても (9.1) が定まるわけではない．
†† ラプラス：Pierre Simon Laplace(1749-1827)

── 例題 **9.1** ──────────────── ラプラス変換の計算 ──

次のラプラス変換を計算しなさい．（n は自然数，a は定数）
(1) $L(x^n)$ (2) $L(e^{ax})$ (3) $L(\sin ax)$

[解 答] (1) $s > 0$ に対して，部分積分を繰り返し用いることによって

$$L(x^n)(s) = \int_0^\infty e^{-xs} x^n dx$$
$$= \left[-\frac{1}{s} e^{-xs} x^n \right]_{x=0}^\infty - \int_0^\infty -\frac{1}{s} e^{-xs} n x^{n-1} dx$$
$$= \frac{n}{s} \int_0^\infty e^{-xs} x^{n-1} dx \quad \left(= \frac{n}{s} L(x^{n-1})(s) \right) = \cdots = \frac{n!}{s^{n+1}}$$

(2) $s > a$ に対し，$L(e^{ax})(s) = \int_0^\infty e^{-xs} e^{ax} dx = \dfrac{1}{s-a}$.

(3) 部分積分により

$$L(\sin ax)(s) = \int_0^\infty e^{-xs} \sin ax\, dx$$
$$= \left[-\frac{1}{s} e^{-xs} \sin ax \right]_{x=0}^\infty + \frac{a}{s} \int_0^\infty e^{-xs} \cos ax\, dx$$
$$= \left[\frac{1}{s^2} e^{-xs} \cos ax \right]_{x=0}^\infty - \frac{a^2}{s^2} \int e^{-xs} \sin ax\, dx$$
$$= \frac{a}{s^2} - \frac{a^2}{s^2} L(\sin ax)$$

したがって $L(\sin ax) = \dfrac{a}{s^2 + a^2}$ であるとわかる．

問 題

1.1 次のラプラス変換を計算しなさい[†]．

(1) $L(H(x))$ ただし $H(x) = \begin{cases} 1 & (x \geq 0) \\ 0 & (x < 0) \end{cases}$

(2) $L(\cos ax)$ (3) $L(\sinh ax)$ (4) $L(\cosh ax)$

───────────
[†] この関数 $H(x)$ をヘヴィサイドの関数という．ヘヴィサイド：Oliver Heaviside(1850-1925).

ラプラス変換の性質

$L(f)(s) = F(s)$, $L(g)(s) = G(s)$, $x < 0$ のとき常に $f(x) = 0$ とする.

定理 9.2 （ラプラス変換の線形性）k, l を定数とするとき
$$L(k \cdot f(x) + l \cdot g(x))(s) = k \cdot F(s) + l \cdot G(s) \tag{9.6}$$

定理 9.3 a を定数とするとき
$$L(x \cdot f(x))(s) = -F'(s) \tag{9.7}$$
$$L\left(\frac{1}{x} f(x)\right)(s) = \int_s^\infty F(t) dt \tag{9.8}$$
$$L(e^{ax} f(x))(s) = F(s - a) \tag{9.9}$$

定理 9.4 $a > 0$ を定数とするとき
$$L(f(ax))(s) = \frac{1}{a} F\left(\frac{s}{a}\right) \tag{9.10}$$
$$L(f(x - a))(s) = e^{-as} F(s) \tag{9.11}$$

ラプラス変換の定義 (9.1) にしたがってこれらの定理を証明してみよう.

● **数学的なポイント** ●─────────

(1) (9.11) は「$x < 0$ ならば $f(x) = 0$ である」と仮定が必要である. 実際, ラプラス変換の定義 (9.1) を見ると $x < 0$ の範囲で $f(x)$ がどんな値になっても $L(f(x))$ の値には影響しない. この部分をどのように決めてもよいのかもしれないが, 色々な場面で一番都合のいいようにこの仮定をしている. p.147 で, 定数関数 $f(x) = 1$ でなくヘヴィサイドの関数 $H(x)$ を考える理由も同様である.

(2) (9.3) と (9.7), (9.4) と (9.8), (9.9) と (9.11) をそれぞれ比べてみよう. どんなことに気付くだろうか.

9.1 ラプラス変換

これらの公式を用いて色々な関数のラプラス変換が計算できる．

ラプラス変換表 （a は実数，b は正の定数，n は自然数）

$f(x)$	$F(s)$	$f(x)$	$F(s)$
$H(x)$	$\dfrac{1}{s}$	$e^{ax}\sin bx$	$\dfrac{b}{(s-a)^2+b^2}$
x^n	$\dfrac{n!}{s^{n+1}}$	$e^{ax}\cos bx$	$\dfrac{s-a}{(s-a)^2+b^2}$
e^{ax}	$\dfrac{1}{s-a}$	$e^{ax}\sinh bx$	$\dfrac{b}{(s-a)^2-b^2}$
xe^{ax}	$\dfrac{1}{(s-a)^2}$	$e^{ax}\cosh bx$	$\dfrac{s-a}{(s-a)^2-b^2}$
$x^n e^{ax}$	$\dfrac{n!}{(s-a)^{n+1}}$	$\dfrac{e^{ax}}{2b^2}\left[\dfrac{1}{b}\sin bx - x\cos bx\right]$	$\dfrac{1}{[(s-a)^2+b^2]^2}$
$\sin bx$	$\dfrac{b}{s^2+b^2}$	$\dfrac{e^{ax}}{2b^2}\left[(a+b^2 x)\dfrac{1}{b}\sin bx\right.$	$\dfrac{s}{[(s-a)^2+b^2]^2}$
$\cos bx$	$\dfrac{s}{s^2+b^2}$	$\left.-ax\cos bx\right]$	
$\sinh bx$	$\dfrac{b}{s^2-b^2}$	$e^{-b^2 x^2}$	$\dfrac{\sqrt{\pi}}{2}\dfrac{e^{\frac{s^2}{4b^2}}}{b}\mathrm{Erfc}\left(\dfrac{s}{2b}\right)$[†]
$\cosh bx$	$\dfrac{s}{s^2-b^2}$		

この表は次のような使い方も重要である．

例題 9.2 ─────────────── ラプラス変換の逆 ─

$L(f(x))(s) = \dfrac{1}{s(s-1)}$ となる関数 $f(x)$ を求めなさい．

[解答]　$\dfrac{1}{s(s-1)} = \dfrac{1}{s} + \dfrac{1}{s-1}$ と部分分数分解すると，上の表から $f(x) = H(x) + e^{ax}$ とすればよいことがわかる．

～～ 問　題 ～～～～～～～～～～～～～～～～～～～～～～

2.1　ラプラス変換すると次の関数になるものを求めよ．

(1) $\dfrac{17s}{(2s-1)(s^2+4)}$　　(2) $\dfrac{3s-10}{s^2(s^2-4s+5)}$

[†] $\mathrm{Erfc}(x) = \dfrac{2}{\sqrt{\pi}}\displaystyle\int_x^\infty e^{-t^2}dt$, $\mathrm{Erf}(x) = \dfrac{2}{\sqrt{\pi}}\displaystyle\int_0^x e^{-t^2}dt$, $\mathrm{Erfc}(x) = 1-\mathrm{Erf}(x)$　($\mathrm{Erf}(x)$ は誤差関数とよばれる．)

9.2 常微分方程式と物理的な問題への応用

p.146 でラプラス変換の大きな効用は「微分する」が「多項式をかける」に変わることである，と述べた．具体的な場合について考えよう．

9.2.1 常微分方程式の解法

定数係数線形常微分方程式

$$\frac{d^2y}{dx^2} + 2\frac{dy}{dx} + y = \sin x \tag{9.12}$$

について，その両辺のラプラス変換を考える．(9.5) を使えば (9.12) は

$$s^2 L(y) - (y(0)s + y'(0)) + 2(sL(y) - y(0)) + L(y) = L(\sin x) \tag{9.13}$$

すなわち

$$(s^2 + 2s + 1)L(y) - (y'(0) + (s+2)y(0)) = \frac{1}{s^2 + 1} \tag{9.14}$$

となる．

ここで微分方程式 (9.12) について，$y(0)$ や $y'(0)$ の値，すなわち初期条件が $y(0) = 0, y'(0) = 1$ と与えられていたとしよう．すると (9.14) は

$$L(y) = \frac{s^2 + 2}{(s^2 + 1)(s + 1)^2} \tag{9.15}$$

さらに部分分数分解を用いて

$$L(y) = \frac{1}{2}\left(\frac{1}{s+1} + \frac{3}{(s+1)^2} - s\frac{s}{s^2+1}\right) \tag{9.16}$$

と変形できる．これを満たす関数 $y = f(x)$ は，p.149 の表を使えば

$$y = \frac{1}{2}e^{-x} + \frac{3}{2}xe^{-x} - \frac{1}{2}\cos x \tag{9.17}$$

と求められることがわかる．

9.2 常微分方程式と物理的な問題への応用

---**例題 9.3**---------------------------**常微分方程式への応用**---

次の微分積分方程式をラプラス変換を用いて解きなさい．

$$y' + 3y + 2\int_0^x y\,dx = 2H(x-1) - 2H(x-2)$$

$x = 0$ のとき $y = 1$．ただし H はヘヴィサイド関数である．

[**解 答**] 両辺をラプラス変換すると

$$sL(y) - y(0) + 3L(y) + \frac{2}{s}L(y) = \frac{2e^{-s}}{s} - \frac{2e^{-2s}}{s}$$

となる．初期条件を代入すると

$$(s^2 + 3s + 2)L(y) = s + 2e^{-s} - 2e^{-2s}$$

両辺を $(s+1)(s+2)$ で割って部分分数分解すると

$$L(y) = \left(\frac{2}{s+2} - \frac{1}{s+1}\right) + \left(\frac{2e^{-s}}{s+1} - \frac{2e^{-s}}{s+2}\right) - \left(\frac{2e^{-2s}}{s+1} - \frac{2e^{-2s}}{s+2}\right)$$

となる．これを満たす関数 $y = f(x)$ は，ラプラス変換表および定理から

$$y = 2e^{-2x} - e^{-x} + 2\left(e^{-(x-1)} - e^{-2(x-1)}\right)H(x-1)$$
$$- 2\left(e^{-(x-2)} - e^{-2(x-2)}\right)H(x-2)$$

とわかる．

問 題

3.1 ラプラス変換を用いて次の微分方程式を解きなさい．
(1) $y'' + 4y' + 13y = 2e^{-x}$, $x = 0$ で $y = 0, y' = 1$
(2) $y'' + 2y + 5y = H(x)$, $x = 0$ で $y = -1, y' = 0$

3.2 ラプラス変換を用いて次の微分積分方程式を解きなさい．

$$y' + 2y + 2\int_0^x y(t)\,dt = H(x-2), \quad y(0) = -2$$

9.2.2 力学への応用

力学に表れる常微分方程式をラプラス変換を用いて解くことを考える．

ばねの問題 (1)

質量 m の物体がばね定数 k のばねの先端についている．ばねの他端は固定されている．物体は摩擦のない平面上で自由に運動できる．

初期変位 x_0, 初期速度 v_0 とすると物体はどのような運動をするか．
この物体の変位を $x(t)$ とすると，運動方程式

$$m\frac{d^2x}{dt^2} = -kx \tag{9.18}$$

が成り立つ．この両辺をラプラス変換，$L(x(\cdot))(s) = X(s)$ とおくと

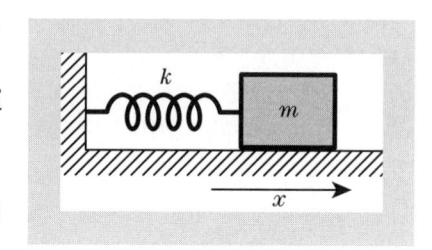

図 9.1

$$m\left[s^2 X(s) - sx(0) - x'(0)\right] = -kX(s) \tag{9.19}$$

となる．初期条件 $x(0) = x_0, x'(0) = v_0$ を代入して整理すれば

$$X(s) = \frac{msx_0}{ms^2+k} + \frac{mv_0}{ms^2+k} = \frac{sx_0}{s^2+\left(\sqrt{\frac{k}{m}}\right)^2} + \frac{v_0}{s^2+\left(\sqrt{\frac{k}{m}}\right)^2}$$

となる．$\alpha = \sqrt{\frac{k}{m}}$ とおいて，両辺をラプラス逆変換すると

$$x(t) = L^{-1}\left(\frac{sx_0}{s^2+\alpha^2} + \frac{v_0}{\alpha}\frac{\alpha}{s^2+\alpha^2}\right) = x_0\cos\alpha t + \frac{v_0}{\alpha}\sin\alpha t$$

$$= \sqrt{x_0^2 + \left(\frac{v_0}{\alpha}\right)^2}\sin(\alpha t + \beta) \quad \left(\beta = \tan^{-1}\frac{\alpha x_0}{v_0}\right)$$

と解を得る．したがって振幅 $\sqrt{x_0^2 + \left(\frac{v_0}{\alpha}\right)^2}$, 角振動数 $\alpha = \sqrt{\frac{k}{m}}$ の単振動をすることがわかる．

ばねの問題 (2)　外力がかかる場合

前節の問題で，物体の他端に $f(t) = f_0 \sin \omega t$ の正弦状の力が作用している場合を考える．初期変位 0，初期速度 $v_0 = 0$ とすると物体はどのような運動をするか．

この物体の変位を $x(t)$ とすると，運動方程式

$$m\frac{d^2x}{dt^2} = -kx + f_0 \sin \omega t \quad (9.20)$$

が成り立つ．この両辺をラプラス変換，$L(x(\cdot))(s) = X(s)$ とおくと

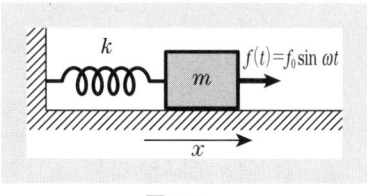

図 9.2

$$m\left[s^2 X(s) - sx(0) - x'(0)\right] = -kX(s) + \frac{\omega}{s^2 + \omega^2} f_0 \quad (9.21)$$

となる．初期条件 $x(0) = 0, x'(0) = v_0 = 0$ を代入して整理すれば

$$X(s) = \frac{f_0}{m} \frac{\omega}{\left(s^2 + \left(\sqrt{\frac{k}{m}}\right)^2\right)(s^2 + \omega^2)} \quad (9.22)$$

となる．$\alpha = \sqrt{\frac{k}{m}}$ とおくと，

$$\frac{1}{(s^2 + \alpha^2)(s^2 + \omega^2)} = \frac{-\frac{1}{\omega^2 - \alpha^2}}{s^2 + \omega^2} + \frac{\frac{1}{\omega^2 - \alpha^2}}{s^2 + \alpha^2}$$

となることに注意して，両辺をラプラス逆変換すれば

$$x(t) = L^{-1}\left\{\frac{f_0}{m}\omega\left(\frac{-\frac{1}{\omega^2 - \alpha^2}}{s^2 + \omega^2} + \frac{\frac{1}{\omega^2 - \alpha^2}}{s^2 + \alpha^2}\right)\right\}(t)$$

$$= -\frac{f_0}{m}\frac{1}{\omega^2 - \alpha^2}\sin \omega t + \frac{f_0 \omega}{m\alpha}\frac{1}{\omega^2 - \alpha^2}\sin \alpha t$$

と解を得る．したがって，この物体の運動は外力による振動（角周波数 ω）と自由振動（角周波数 α）を合成した振動になることがわかる．

ばねの問題 (3)　ダッシュポットが付いている場合

前節の問題の外力として，一端が物体の速さに比例（比例定数 ξ）した抵抗力が働くダッシュポットに接続されている場合を考える．

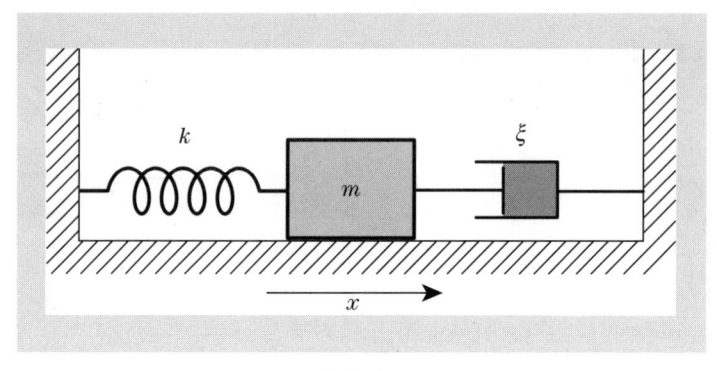

図 9.3

この物体の変位を $x(t)$ とすると，**運動方程式**

$$m\frac{d^2x}{dt^2} = -kx - \xi\frac{dx}{dt} \tag{9.23}$$

が成り立つ．

$$\frac{k}{m} = \beta^2, \quad \frac{\xi}{m} = 2\alpha$$

とおくと

$$\frac{d^2x}{dt} + 2\alpha\frac{dx}{dt} + \beta^2 x = 0$$

となる．この両辺をラプラス変換，

$$L(x(\cdot))(s) = X(s)$$

とおき初期条件 $x(0) = 0, x'(0) = v_0$ を代入して整理すれば

$$X(s) = \frac{v_0}{s^2 + 2\alpha s + \beta^2} \tag{9.24}$$

を得る．次の 3 つの場合に分けて考える．

(1) $\alpha < \beta$ のとき

両辺をラプラス逆変換すると

$$x(t) = \frac{v_0}{\sqrt{\beta^2 - \alpha^2}} e^{-\alpha t} \sin(\sqrt{\beta^2 - \alpha^2} t) \qquad (9.25)$$

と解を得る．よって時間とともに減衰する振動（**減衰振動**）となる．

(2) $\alpha = \beta$ のとき

両辺をラプラス逆変換すると

$$\begin{aligned} x(t) &= L^{-1}\left(\frac{v_0}{(s+\alpha)^2}\right) \\ &= v_0 t e^{-\alpha t} \end{aligned} \qquad (9.26)$$

と解を得る．これは非周期的な運動となる．この運動を**臨界制動**という．

(3) $\alpha > \beta$ のとき

$\alpha^2 - \beta^2 = \gamma^2$ とおくと (9.24) は

$$X(s) = \frac{v_0}{(s+\alpha)^2 - \gamma^2} \qquad (9.27)$$

となるので，この両辺をラプラス逆変換して整理すると

$$x(t) = \frac{v_0}{\sqrt{\alpha^2 - \beta^2}} e^{-\alpha t} \sinh\left(\sqrt{\alpha^2 - \beta^2} t\right) \qquad (9.28)$$

となる．この運動は**過制動**となる．

9.2.3 電気回路への応用

電気回路に関する問題に表れる常微分方程式をラプラス変換を用いて解くことを考える．

LC 回路

図のようにコイル L とコンデンサ C が直列に接続されている回路に，直流起電力 V を $t=0$ で加えたときの回路に流れる電流 i とコンデンサに蓄えられる電荷量 q の変化を求める．

電流 i と電荷量 q は $i=\dfrac{dq}{dt}$ であり，$q(0)=0$ である．

この場合の回路方程式は

$$L\frac{di}{dt} + \frac{1}{C}\int i\,dt = V \qquad (9.29)$$

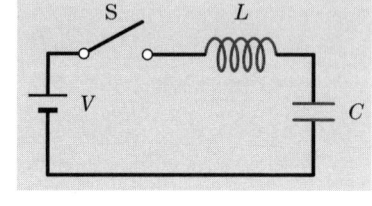

図 9.4

となるので両辺をラプラス変換，i のラプラス変換を I とおくと

$$L\{sI(s)-i(0)\} + \frac{1}{C}\left\{\frac{1}{s}I(s) - \frac{1}{s}q(0)\right\} = \frac{V}{s} \qquad (9.30)$$

となるので，初期条件を代入して整理すれば

$$I(s) = \frac{\dfrac{V}{s}}{Ls+\dfrac{1}{Cs}} = \frac{\dfrac{V}{L}}{s^2+\dfrac{1}{LC}}$$

$$= \frac{\dfrac{V}{L}}{\left(s+j\dfrac{1}{\sqrt{LC}}\right)\left(s-j\dfrac{1}{\sqrt{LC}}\right)} \qquad (9.31)$$

となる．ただしここでは慣習により虚数単位を j，すなわち $j^2=-1$ とした．

$$P(s) = \frac{V}{L}, \quad Q(s) = \left(s+j\frac{1}{\sqrt{LC}}\right)\left(s-j\frac{1}{\sqrt{LC}}\right)$$

$s_0 = j\dfrac{1}{\sqrt{LC}}$ とおくと $Q'(s)=(s+s_0)+(s-s_0)$ なので，(9.31) をラプラス逆変換すると

9.2 常微分方程式と物理的な問題への応用

$$i(t) = \frac{P(s_0)}{Q'(s_0)}e^{s_0 t} + \frac{P(-s_0)}{Q'(-s_0)}e^{-s_0 t}$$
$$= \frac{V}{\sqrt{\frac{L}{C}}}\frac{1}{2j}\left(e^{s_0} - e^{-s_0}\right) = \frac{V}{\sqrt{\frac{L}{C}}}\sin\left(\frac{t}{\sqrt{LC}}\right)$$

となる[†].

同様に電荷 q についての方程式は，(9.29) と同じく

$$L\frac{d^2 q}{dt^2} + \frac{1}{C}q = V \tag{9.32}$$

となる．両辺をラプラス変換，q のラプラス変換を Q とおくと

$$L\left\{s^2 Q(s) - sq(0) - q'(0)\right\} + \frac{Q}{C} = \frac{V}{s} \tag{9.33}$$

となる．初期条件 $q(0) = 0, q'(0) = i(0) = 0$ を代入して整理すると

$$Q(s) = \frac{\frac{V}{sL}}{s^2 + \frac{1}{LC}} = \frac{\frac{V}{L}}{s(s+s_0)(s-s_0)} \quad \left(s_0 = j\frac{1}{\sqrt{LC}}\right) \tag{9.34}$$

となる．

$$P(s) = \frac{V}{L}$$
$$X(s) = s(s+s_0)(s-s_0)$$

とおくと，$X'(s) = (s+s_0)(s-s_0) + s(s+s_0) + s(s-s_0)$ であるから (9.31) のラプラス逆変換と同様にして

$$q(t) = CV\left(1 - \cos\frac{t}{\sqrt{LC}}\right) \tag{9.35}$$

となることがわかる．

[†] $F(s) = \dfrac{P(s)}{Q(s)}$, P, Q は互いに既約な多項式，Q が P より高次のとき，$Q(s) = 0$ の単根を $s_1, s_2, \ldots, s_n$ とすると F のラプラス逆変換は $\displaystyle\sum_{k=1}^{n}\frac{P(s_k)}{Q'(s_k)}e^{s_k t}$ となることが知られている．

LCR 直列回路

図の LCR 直列回路に直流電源 V とスイッチ S が接続されている。時刻 $t = 0$ にスイッチを閉じた時, 回路に流れる電流 $i(t)$ とコンデンサに蓄積する電荷量 $q(t)$ を求める。初期条件は $t = 0$ で $i(0) = 0$, $\left.\dfrac{di}{dt}\right|_{t=0} = 0$, $q(0) = \int idt = 0$ である。

回路方程式は
$$iR + L\frac{di}{dt} + \frac{1}{C}\int idt = V$$
である。ここで, $2\alpha = \dfrac{R}{L}$ とおくと

$$\frac{di}{dt} + 2\alpha i + \frac{1}{CL}\int idt = \frac{V}{L}$$

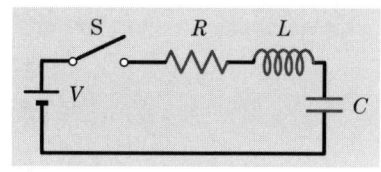

図 9.5

となる。$L(i(t)) = I(s)$ として, 回路方程式のラプラス変換を行い初期条件を代入すると

$$sI(s) + 2\alpha I(s) + \frac{1}{CL}\frac{I(s)}{s} = \frac{V}{sL}$$

$$I(s) = \frac{\dfrac{V}{L}}{s^2 + 2\alpha s + \dfrac{1}{CL}} = \frac{\dfrac{V}{L}}{(s+\alpha)^2 + \left(\dfrac{1}{CL} - \dfrac{R^2}{4L^2}\right)}$$

となる。

(1) $\dfrac{1}{CL} - \dfrac{R^2}{4L^2} > 0$ の場合, $\dfrac{1}{CL} - \dfrac{R^2}{4L^2} = \beta^2$ とおいてラプラス変換すると

$$i(t) = L^{-1}\left\{\frac{\dfrac{V}{L}}{(s+\alpha)^2 + \beta^2}\right\} = \frac{V}{L}e^{-\alpha t}\sin\beta t$$

となり, 減衰振動を示している。

(2) $\dfrac{R^2}{4L^2} - \dfrac{1}{CL} > 0$ の場合, $\dfrac{R^2}{4L^2} - \dfrac{1}{CL} = \gamma^2$ とおいてラプラス変換すると

$$i(t) = L^{-1}\left\{\frac{\dfrac{V}{L}}{(s+\alpha)^2 - \gamma^2}\right\} = \frac{V}{L}e^{-\alpha t}\sinh\gamma t$$

となり，非振動的であることを示している．

(3) $\dfrac{1}{CL} - \dfrac{R^2}{4L^2} = 0$ の場合，ラプラス逆変換すると

$$i(t) = L^{-1}\left\{\dfrac{\dfrac{V}{L}}{(s+\alpha)^2}\right\} = \dfrac{V}{L}te^{-\alpha t}$$

となり，非振動的に変化する．

次に，コンデンサに蓄えられる電荷量 $q(t)$ について考える．電荷量 $q(t)$ と電流 $i(t)$ の関係は，$i(t) = \dfrac{dq}{dt}$, $q(t) = \displaystyle\int i dt$ であり，回路方程式に代入して整理すると

$$\dfrac{d^2 q}{dt^2} + 2\alpha \dfrac{dq}{dt} + \dfrac{1}{LC}q = \dfrac{V}{L}$$

となる．ラプラス変換を行い，初期条件を代入して整理すると

$$L(q(t)) = Q(s) = \dfrac{\dfrac{V}{sL}}{s^2 + 2\alpha s + \dfrac{1}{LC}} = \dfrac{\dfrac{V}{sL}}{(s+\alpha)^2 + \left(\dfrac{1}{LC} - \dfrac{R^2}{4L^2}\right)}$$

となる．

(1) $\dfrac{1}{LC} - \dfrac{R^2}{4L^2} > 0$ の場合，ラプラス逆変換を行うと

$$q(t) = L^{-1}(Q(s)) = CV\left\{1 - e^{-\alpha t}\left(\dfrac{\alpha}{\beta}\sin\beta t + \cos\beta t\right)\right\}$$

となる．

(2) $\dfrac{R^2}{4L^2} - \dfrac{1}{LC} > 0$ の場合，ラプラス逆変換を行うと

$$q(t) = CV\left\{1 - e^{-\alpha t}\left(\dfrac{\alpha}{\gamma}\sinh\gamma t + \cosh\gamma t\right)\right\}$$

となる．

(3) $\dfrac{1}{LC} - \dfrac{R^2}{4L^2} = 0$ の場合，ラプラス逆変換を行うと

$$q(t) = CV(1 - e^{-\alpha t} - \alpha t e^{-\alpha t})$$

となる．

9.3 偏微分方程式と物理的な問題への応用

9.3.1 熱伝導方程式の問題

8.2.3 項（p.138）で述べた熱伝導方程式で表される物理的な問題をラプラス変換を用いて解くことを考える．

1 次元の熱伝導

$x \geq 0$ の半無限の 1 次元固体が，時刻 $t = 0$ で定温 u_0 であった．このとき，$t \geq 0$, $x > 0$ で固体の温度分布 $u(x,t)$ を色々な初期・境界条件で求める．

$$\frac{\partial u}{\partial t} = k\frac{\partial^2 u}{\partial x^2} \quad (0 < x < \infty, t > 0) \tag{9.36}$$

(1) 端点 $x = 0$ が $t > 0$ で温度 $F(t)$ に保たれている場合．ただし，$u_0 = 0$, $F(t) = Q(4\pi kt)^{-1/2}$ である．

(2) 端点 $x = 0$ で温度 θ_0 の $x < 0$ 領域への熱の放射が起こっている場合．

(1) の初期・境界条件は，$u(x,0) = u_0$ $(x > 0)$, $u(0,t) = F(t)$ $(t > 0)$ であり，$L(u(x,t)) = U(x,s)$ と書けば，**熱伝導方程式のラプラス変換は**

$$sU - u_0 = k\frac{\partial^2 U}{\partial x^2}$$

となる．この微分方程式の一般解は

$$U = \frac{u_0}{s} + A(s)\exp\left(-x\sqrt{\frac{s}{k}}\right) + B(s)\exp\left(x\sqrt{\frac{s}{k}}\right)$$

であり，すべての x で $u(x,t)$ は有限なので，$B(s) = 0$ である．よって

$$U = \frac{u_0}{s} + A(s)\exp\left(-x\sqrt{\frac{s}{k}}\right)$$

である．ここで，境界条件より $L(u(0,t)) = U(0,s) = f(s)$ を代入し，整理すると

$$A(s) = f(s) - \frac{u_0}{s}, \quad U(x,s) = \frac{u_0}{s} + \left(f(s) - \frac{u_0}{s}\right)\exp\left(-x\sqrt{\frac{s}{k}}\right)$$

となる．$u_0 = 0$, $F(t) = Q(4\pi kt)^{-1/2}$ を代入すると
$$U(x,s) = f(s)\exp\left(-x\sqrt{\frac{s}{k}}\right)$$
であり，ラプラス逆変換すると
$$u(x,t) = \frac{Q}{2\sqrt{\pi kt}}\exp\left(-\frac{x^2}{4kt}\right)$$
となる．この結果をさらに積分すると，$\int_0^\infty u(x,t)dx = Q$ となるので，$x=0$ の点に強さ Q の熱源が存在していることを意味している．

(2) の場合，原点で熱が逃げており，ニュートンの冷却法則（定数を H）を適応すると
$$-k\frac{\partial u}{\partial x} = H(u(x,t) - \theta_0) \quad \text{すなわち} \quad \frac{\partial u}{\partial x} + hu = h\theta_0$$
となる．ここで，$h = \dfrac{H}{k}$ である．ラプラス変換すると
$$\frac{\partial U}{\partial x} + hU = \frac{h\theta_0}{s}$$
$x = 0$ における条件より
$$\frac{\partial U}{\partial x} + hU = A\left(-\sqrt{\frac{s}{k}}\right) + h\left(\frac{u_0}{s} + A\right) = \frac{h\theta_0}{s}, \quad A = \frac{h(\theta_0 - u_0)}{s\left(h - \sqrt{\frac{s}{k}}\right)}$$
となる．よって
$$U(x,s) = \frac{u_0}{s} + \frac{h(\theta_0 - u_0)}{s\left(h - \sqrt{\frac{s}{k}}\right)}\exp\left(-x\sqrt{\frac{s}{k}}\right)$$
である．ラプラス逆変換を行うと
$$u(x,t) = u_0 + (\theta_0 - u_0)\left\{\text{Erfc}\left(\frac{x}{2\sqrt{kt}}\right)\right.$$
$$\left. - e^{-hx+h^2kt}\text{Erfc}\left(-h\sqrt{kt} + \frac{x}{2\sqrt{kt}}\right)\right\}$$
となる．

9.3.2 拡散・対流の問題

偏微分方程式

$$\frac{\partial u}{\partial t} = D\frac{\partial^2 u}{\partial x^2} - V\frac{\partial u}{\partial x} \quad (0 < x < \infty, t > 0) \tag{9.37}$$

を考える．右辺の第1項は熱運動による粒子の拡散状況を表し，第2項は熱対流の状況を表した項である．

純対流問題

対流による熱の移動だけを考える場合，すなわち

$$\begin{aligned} &\frac{\partial u}{\partial t} = -V\frac{\partial u}{\partial t} \quad (0 < x < \infty, 0 < t < \infty) \\ &初期条件：u(x,0) = 0 \\ &境界条件：u(0,t) = P \quad (Pは定数) \end{aligned} \tag{9.38}$$

を考える．これは「きれいな川に汚染物質を一定の割合で投げ入れる」状況に相当する．$L(u(x,\cdot)(s)) = U(x,s)$ とおくと，(9.38) は

$$sU(x,s) - u(x,0) = -V\frac{\partial U}{\partial x}(x,s) \tag{9.39}$$

となる．境界条件から

$$U(0,s) = \frac{P}{s}, \quad U(x,s) = -\frac{V}{s}\frac{dU}{dx}$$

この常微分方程式を解いて，$U(x,s) = \dfrac{P}{s}\exp\left(-\dfrac{s}{V}x\right)$ を得る．問題1.1(1) および (9.11) から $L(H(t-a))(s) = \dfrac{1}{s}e^{-as}$ なので

$$u(x,t) = PH(t - \frac{x}{V}) = \begin{cases} 0 & \left(t < \dfrac{x}{V}\right) \\ P & \left(t \geq \dfrac{x}{V}\right) \end{cases} \tag{9.40}$$

となる．ここから，拡散がない場合には移動するだけであることがわかる．

9.3 偏微分方程式と物理的な問題への応用

拡散・対流混合問題

次に初期値問題

$$\frac{\partial u}{\partial t} = D\frac{\partial^2 u}{\partial x^2} - V\frac{\partial u}{\partial x} \quad (0 < x < \infty, t > 0)$$

初期条件： $u(x,0) = 1 - H(x)$

(9.41)

を考える．これは「川の上流に投棄した有毒物質が，下流に向かって移動しながら拡散するところを，速度 V で波と共に動く面から観察する」状況に相当する．

$\xi = x - Vt$ と変数変換すると

$$\frac{\partial u}{\partial t} = \frac{\partial u}{\partial \xi}\frac{\partial \xi}{\partial t} + \frac{\partial u}{\partial t} = -V\frac{\partial u}{\partial \xi} + \frac{\partial u}{\partial t}$$

$$\frac{\partial u}{\partial x} = \frac{\partial u}{\partial \xi}\frac{\partial \xi}{\partial x} = \frac{\partial u}{\partial \xi}$$

$$\frac{\partial}{\partial x}\left(\frac{\partial u}{\partial x}\right) = \frac{\partial}{\partial \xi}\left(\frac{\partial u}{\partial \xi}\right)\frac{\partial \xi}{\partial x} = \frac{\partial^2 u}{\partial \xi^2}$$

となるので，(9.41) は

$$-V\frac{\partial u}{\partial \xi} + \frac{\partial u}{\partial t} = D\frac{\partial^2 u}{\partial \xi^2} - V\frac{\partial u}{\partial \xi}$$

すなわち

$$\frac{\partial u}{\partial t} = D\frac{\partial^2 u}{\partial \xi^2}$$

となるので，この問題は対流項のない

$$\frac{\partial u}{\partial t} = D\frac{\partial^2 u}{\partial \xi^2} \quad (-\infty < \xi < \infty, t > 0)$$

初期条件： $u(\xi,0) = 1 - H(\xi)$

(9.42)

という問題に書き換えることができる．

9.3.3 波動方程式

8.2.2 項（p.132）で述べた波動方程式で表される物理的な問題をラプラス変換を用いて解くことを考える．

弦の振動 (1)

偏微分方程式 $\dfrac{\partial^2 y}{\partial t^2} = C^2 \dfrac{\partial^2 y}{\partial x^2}$ $(t \geq 0,\ 0 < x < l)$

初期条件：$\left.\dfrac{\partial y}{\partial t}\right|_{(x,0)} = \sin\dfrac{\pi x}{l}$ (9.43)

境界条件：$y(0,t) = u(l,t) = 0$ （一定）

を考える．これは「両端が固定されている弦があり，時刻 $t = 0$ で変位はすべて 0 であるが，弦の各部分が速度を持っている」状況に相当する．

t を変数とみて両辺をラプラス変換，$L(y(x,\cdot)(s) = Y(x,s)$ と表せば

$$s^2 Y(x,s) - s y(x,0) - \left.\dfrac{\partial y}{\partial t}\right|_{(x,0)} = c^2 \dfrac{\partial^2}{\partial x^2} Y(x,s)$$

となる．初期条件を代入すると，$s^2 Y(x,s) - \sin\dfrac{\pi x}{l} = c^2 \dfrac{\partial^2 Y}{\partial x^2}$ となる．x を変数とみてこの両辺をラプラス変換，$L_x(Y(\cdot,s)(\xi) = Y^*(\xi,s)$ と表せば

$$c^2\left(\xi^2 Y^* - \xi Y(0,s) - \left.\dfrac{\partial Y}{\partial x}\right|_{(0,s)}\right) - s^2 Y^*(\xi,s) = -\dfrac{\pi l}{l^2 \xi^2 + \pi^2} \quad (9.44)$$

境界条件を $Y(0,s) = 0$，$\left.\dfrac{\partial Y}{\partial x}\right|_{(0,s)} = \dfrac{\pi l}{\pi c^2 + l^2 s^2} = A(s)$ として代入，

$$Y^*(\xi,s) = \dfrac{c^2 A(s)}{c^2 \xi^2 - s^2} - \dfrac{\pi l}{\pi^2 c^2 + l^2 s^2}\left(\dfrac{c^2}{c^2 \xi^2 - s^2} - \dfrac{l^2}{l^2 \xi^2 + \pi^2}\right) \quad (9.45)$$

を得る．ξ について逆ラプラス変換すると

$$Y(x,s) = \dfrac{c}{s} A(s) \sinh\dfrac{sx}{c} - \dfrac{\pi l}{\pi^2 c^2 + l^2 s^2}\left(\dfrac{c}{s}\sinh\dfrac{sx}{c} - \dfrac{l}{\pi}\sin\dfrac{\pi x}{l}\right)$$

$$= \dfrac{l^2}{\pi^2 c^2 + l^2 s^2} \sin\dfrac{\pi x}{l}$$

s について逆ラプラス変換して $y(x,t) = \dfrac{l}{\pi c} \sin\dfrac{\pi c t}{l} \sin\dfrac{\pi x}{l}$ と解を得る．

9.3 偏微分方程式と物理的な問題への応用

弦の振動 (2)

偏微分方程式

$$\frac{\partial^2 y}{\partial t^2} = C^2 \frac{\partial^2 y}{\partial x^2} \quad (t \geq 0,\, 0 < x < \infty)$$

初期条件：$y(x,0) = 0,\ \left.\dfrac{\partial y}{\partial t}\right|_{(x,0)} = 0$ \hfill (9.46)

境界条件：$y(0,t) = f(t),\ \displaystyle\lim_{x\to\infty} y(x,t) = 0$

を考える．これは「無限遠点で固定，原点で強制振動されている無限長の弦の振動の様子」の状況に相当する．

(9.46) をラプラス変換すると

$$s^2 Y - s y(x,0) - \left.\frac{\partial y}{\partial t}\right|_{(x,0)} = c^2 \frac{\partial Y}{\partial x}$$

$$Y(0,s) = F(s) \tag{9.47}$$

$$\lim_{x\to\infty} Y(x,s) = 0$$

を得る．これを x について積分，すなわち x の常微分方程式と見て解くとその一般解は

$$Y(x,s) = A(s)\exp\left(\frac{sx}{c}\right) + B(s)\exp\left(-\frac{sx}{c}\right) \tag{9.48}$$

となる．ここで，(9.47) から，$A(s) = 0$ および $B(s) = F(s) = L(f)(s)$ が得られるので

$$Y(x,s) = F(s)\exp\left(-\frac{sx}{c}\right)$$

さらにラプラス逆変換して

$$y(x,t) = f\left(t - \frac{x}{c}\right) H\left(t - \frac{x}{c}\right)$$

と解を得る．

演習問題

1 ラプラス変換を用いて次の熱伝導方程式の初期値境界値問題を解きなさい.

(1) $\begin{cases} \dfrac{\partial u}{\partial t} = k\dfrac{\partial^2 u}{\partial x^2} \quad (0 < x < l,\, 0 < t < \infty) \\ 初期条件:u(x,0) = 0 \quad (0 < x < l) \\ 境界条件:u(0,t) = 0,\, u(l,t) = A \quad (0 < t < \infty) \end{cases}$

(2) $\begin{cases} \dfrac{\partial u}{\partial t} = k\dfrac{\partial^2 u}{\partial x^2} \quad (0 < x < l,\, 0 < t < \infty) \\ 初期条件:u(x,0) = 0 \quad (0 < x < l) \\ 境界条件:u(0,t) = H(t) \quad (ヘヴィサイド関数),\, u(l,t) = 0 \quad (0 < t < \infty) \end{cases}$

(3) (2) で $l = \infty$ の場合

(4) $\begin{cases} \dfrac{\partial u}{\partial t} = k\dfrac{\partial^2 u}{\partial x^2} \quad (0 < x < l,\, 0 < t < \infty) \\ 初期条件:u(x,0) = 0 \quad (0 < x < l) \\ 境界条件:u(0,t) = \delta(t),\, u(l,t) = 0 \quad (0 < t < \infty) \end{cases}$

(5) (4) で $l = \infty$ の場合

(6) $\begin{cases} \dfrac{\partial u}{\partial t} = k\dfrac{\partial^2 u}{\partial x^2} \quad (0 < x < \infty,\, 0 < t < \infty) \\ 初期条件:u(x,0) = 0 \quad (0 < x < c),\, A \quad (c < x < \infty) \\ 境界条件:u(0,t) = 0 \quad (0 < t < \infty) \end{cases}$

(7) $\begin{cases} \dfrac{\partial u}{\partial t} = k\dfrac{\partial^2 u}{\partial x^2} \quad (0 < x < \infty,\, 0 < t < \infty) \\ 初期条件:u(x,0) = 0 \quad (0 < x < \infty) \\ 境界条件:\dfrac{\partial u}{\partial x}\big|_{x=0,t} = A,\, \lim_{x \to \infty} u(x,t) = 0 \quad (0 < t < \infty) \end{cases}$

(8) $\begin{cases} \dfrac{\partial u}{\partial t} = k\dfrac{\partial^2 u}{\partial x^2} \quad (0 < x < l,\, 0 < t < \infty) \\ 初期条件:u(x,0) = A \quad (0 < x < \infty) \\ 境界条件:\dfrac{\partial u}{\partial x}\big|_{x=0,t} = 0,\, u(l,t) = 0 \quad (0 < t < \infty) \end{cases}$

(9) $\begin{cases} \dfrac{\partial u}{\partial t} = k\dfrac{\partial^2 u}{\partial x^2} \quad (0 < x < l,\, 0 < t < \infty) \\ 初期条件:u(x,0) = 0 \quad (0 \leq x \leq l) \\ 境界条件:u(0,t) = 0,\, u(l,t) = At \quad (0 < t < \infty) \end{cases}$

演習問題

(10) $\begin{cases} \dfrac{\partial u}{\partial t} = k \dfrac{\partial^2 u}{\partial x^2} \quad (0 < x < \infty, \, 0 < t < \infty) \\ 初期条件:u(x,0) = 0 \quad (0 < x < \infty) \\ 境界条件:u(0,t) = f(t), \, \lim_{x \to \infty} u(x,t) = 0 \quad (0 < t < \infty) \end{cases}$

2 ラプラス変換を用いて次の波動方程式の初期値境界値問題を解きなさい．

(1) $\begin{cases} \dfrac{\partial^2 u}{\partial t^2} = k \dfrac{\partial^2 u}{\partial x^2} \quad (0 < x < l, \, 0 < t < \infty) \\ 初期条件:u(x,0) = 0, \, \dfrac{\partial u}{\partial t}\big|_{(x,0)} = 0 \quad (0 < x < l) \\ 境界条件:u(0,t) = 0, \, \dfrac{\partial u}{\partial t}\big|_{(l,t)} = At^2 \quad (0 < t < \infty) \end{cases}$

(2) $\begin{cases} \dfrac{\partial^2 u}{\partial t^2} = k \dfrac{\partial^2 u}{\partial x^2} \quad (0 < x < \infty, \, 0 < t < \infty) \\ 初期条件:u(x,0) = 0, \, \dfrac{\partial u}{\partial t}\big|_{(x,0)} = 0 \quad (0 < x < l) \\ 境界条件:\dfrac{\partial u}{\partial t}\big|_{(0,t)} = -f(t) \quad (0 < t < \infty) \end{cases}$

(3) $\begin{cases} \dfrac{\partial^2 u}{\partial t^2} = k \dfrac{\partial^2 u}{\partial x^2} \quad (0 < x < l, \, 0 < t < \infty) \\ 初期条件:u(x,0) = 0, \, \dfrac{\partial u}{\partial t}\big|_{(x,0)} = 0 \quad (0 < x < l) \\ 境界条件:\dfrac{\partial u}{\partial t}\big|_{(0,t)} = 0, \, u(l,t) = f(t) \quad (0 < t < \infty) \end{cases}$

(4) $\begin{cases} \dfrac{\partial^2 u}{\partial t^2} = k \dfrac{\partial^2 u}{\partial x^2} \quad (-\infty < x < \infty, \, 0 < t < \infty) \\ 初期条件:u(x,0) = f(x) \quad (-\infty < x < \infty) \\ 境界条件:\lim_{x \to -\infty} u(x,t) = 0, \, \lim_{x \to \infty} u(x,t) = 0 \quad (0 < t < \infty) \end{cases}$

|解説| $\delta(x)$（デルタ関数）について

ヘヴィサイドの関数 $H(x)$ を"微分"したものを $\delta(x)$ と定める．本来 $H(x)$ は $x = 0$ で微分可能でないが，強引に書いてみるならば

$$\delta(x) = 0 \, (x < 0), \, \infty \, (x = 0), \, 0 \, (x > 0)$$

であり，任意の連続関数 f に対して

$$\int_{-\infty}^{x} \delta(t) f(t) dt = \begin{cases} 0 & (x < 0) \\ f(0) & (0 < x < \infty) \end{cases}$$

が成り立つ関数（のようなもの）である．これは本来「超関数」の枠組みで厳密に議論すべき問題であるが，ここでは形式的に性質だけを述べた．

問題解答

第1章の問題 **1.1, 2.1, 2.2, 3.1** は省略.

第2章

■問 題■

1.1 (1) $\cos x + \sin y = C$　(2) $y = \dfrac{1}{1 - Ce^x}$　(3) $y = \dfrac{C}{\sqrt{x}}$

(4) $y = \tan(\tan^{-1} x + C') = \dfrac{x + C}{1 - Cx}$　(5) $x(y + \sqrt{1 + y^2}) = C$

2.1 (1) $y + \sqrt{x^2 + y^2} = Cx^2$　(2) $y = Ce^{x^2/(2y^2)}$　(3) $x = Ce^{-\sin \frac{y}{x}}$

3.1 (1) $3x - 3y - 2\log(3x + 6y - 1) = C$　(2) $x^2 + y^2 - xy + x - 3y = C$

4.1 (1) $y = Ce^{-x^2} + \dfrac{1}{2}$　(2) $y = \dfrac{1}{\cos x}(e^{\sin x} + C)$

5.1 (1) $y = -\dfrac{1}{2} + Ce^{2x}$　(2) $y = Ce^{-x^2/2} + 1$

(3) $y = \dfrac{1}{2}e^x + Ce^{-x}$　(4) $y = C\cos^2 x + \cos x$

6.1 (1) $y(Ce^{-x^2/2} - e^{-x^2}) = 1$　(2) $y^2(Ce^{2x} + 6e^x) = 1$

(3) $-2x^3 y^2 + Cx^2 y^2 = 1$　(4) $y(C\sqrt{x} + x^2) = 1$

(5) $(-\sin x - 2\sin x \cos^2 x + C\cos^3 x)y^3 = 1$　(6) $y^2 e^{1/x} = e^x + C$

(7) $y(Cx + \log x + 1) = 1$

7.1 (1) $y = \dfrac{5}{Ce^{-5x} - 1} + 1$　(2) $y = \dfrac{1}{Ce^x + x} + 1$

(3) $y = \dfrac{1}{Ce^{-x} + x - 1} + x$　(4) $y = \sin x + e^{-\cos x}\left(C - \displaystyle\int e^{-\cos x} dx\right)^{-1}$

8.1 (1) $xy = \dfrac{(\sqrt{5} - 3)x^{\sqrt{5}} + (\sqrt{5} + 3)C}{2(x^{\sqrt{5}} - C)}$

(2) $xy = 1 + \dfrac{x^3 + 2C}{x^3 - C} = \dfrac{2x^3 + C}{x^3 - C}$

8.2 $x^2 y = \dfrac{1 + Ce^{2/x}}{1 - Ce^{2/x}} + x$

9.1 (1) $(Cx - y)(Ce^{-x^2/2} - y) = 0$　(2) $(C - y)(x^2 - y + C)(Ce^x - y) = 0$

(3) $\left(\dfrac{2}{x} - y + C\right)\left(\dfrac{1}{2y^2} - 3x - C\right) = 0$

問 題 解 答

(4) $(C-y)\left(\dfrac{1}{2}x^2 - y + C\right)(Ce^x - y) = 0$

(5) $\left(y\sin x - C\tan\dfrac{x}{2}\right)\left(y\sin x\tan\dfrac{x}{2} - C\right) = 0$

10.1 (1) $y = 2 + \log\left|\dfrac{1}{\cos(x+C)}\right|$ (一般解), $y = 2$ (特異解)

(2) $1-(x-C)^2 = ((x-C)\cos^{-1}(x-C) - y)^2$ (一般解), $y = 0$ (特異解)

(3) $\begin{cases} y = \sqrt{1+p^2} + C \\ x = 5 + \log(p + \sqrt{1+p^2}) \end{cases}$ (p は媒介変数)

(4) $x = -\log(\sin(C-y)) + 2$

11.1 (1) $y = C_1 x + C_2$ (一般解), $(x-1)^2 + 8y = 0$ (特異解)

(2) $y = Cx + \sqrt{1+C^2}$ (一般解), $x^2 + y^2 = 1$ (特異解)

(3) $y = Cx - \sin C$ (一般解), $y = x\cos^{-1}x - \sqrt{1-x^2}$ (特異解)

(4) $y - Cx = 2\log C$ (一般解), $x^2 e^{y+2} = 4$ (特異解)

12.1 (1) $4(x^2-y)^2 y = (xy+C)(4x^3 - 5xy - C)$ (一般解), $y = 0$ (特異解)

(2) $\begin{cases} x = Ce^{-p} + 2(1-p) \\ y = x(1+p) + p^2 \end{cases}$ (p は媒介変数)

13.1 省略

14.1 (1) $\exp\left(\int 1\,dx\right) = e^x$ (2) $\exp\left(-\int\left(-\dfrac{1}{y}\right)dy\right) = y$

(3) $\exp\left(-\int\left(-\dfrac{2}{y}\right)dy\right) = \dfrac{1}{y^2}$ (4) x (5) $\dfrac{1}{2x^2 y^2}$

15.1 (1) $x^2 - y - \sin x = C$ (2) $x^2 + xy + y^2 = C$

(3) $xy + e^x \sin y = C$

15.2 (1) $xye^x = C$ (2) $x^3 - y^4 = C$ (3) $x^2 + y^2 + Cy = 0$

(4) $x^2 y + x^3 y = C$ (5) $-\dfrac{1}{xy} + \log\left|\dfrac{x}{y}\right| = C$

16.1 $y = Ce^x - x - 1$

16.2 $y^2 = Cx$

17.1 (1) $2x^2 + y^2 = C$ (楕円) (2) $x^2 + ny^2 = C$ (楕円)

17.2 $(x-1)^2 - 2(x-1)y - y^2 = C$

17.3 この曲線群自身が直交曲線になっている.

17.4 $r = C(1-\cos\theta)$

■演習問題■

1 (1) $2xy + x^2 = C$　　(2) $xy + \log \dfrac{y}{x} = C$

(3) $2\sqrt{x+y} - 2\log|\sqrt{x+y} + 1| = x + C$

2 (1) $y = x - 1 + Ce^{-x}$　　(2) $y = e^{-x^2}\left(C + \dfrac{x^2}{2}\right)$

(3) $y = x + C\sqrt{x^2 + 1}$　　(4) $y = \sin x - 1 + Ce^{-\sin x}$

(5) $y = \dfrac{\sin x}{x+1} - \cos x + \dfrac{C}{x+1}$

3 (1) $y\left(Ce^{-x^2} - \dfrac{1}{2}\right) = 1$　　(2) $x^3(e^x + C)y^4 = 1$

(3) $y = \dfrac{1}{Ce^{ax} - \dfrac{b}{a}}$　　(4) $y^2\left(Ce^{2ax} - \dfrac{b}{a}\right) = 1$

4 (1) $x^4 - 4x^2 y - 4xy + y^4 = C$　　(2) $\log(x^2 + y^2) - \tan^{-1}\dfrac{x}{y} = C$

(3) $\log|x| - x^2 y + y^2 = C$

5 (1) $y = \dfrac{2x^2 + C}{x + C}$　　(2) $y = x^3 + \dfrac{x^4}{C - 2x}$

6 (1) $(x - y - C)(x^2 + y^2 - C) = 0$　　(2) $(x^2 - y - C_1)(C_2 e^{3x} - y) = 0$

(3) $\left(y - \dfrac{1}{2}e^x - Ce^{-x}\right)(y + xe^x - Ce^x) = 0$

7 (1) $y = x(C - \log|x|)$

(2) 例題 1.1 (p.3) 参照.

8 (1) $\sqrt{a^2 - y^2} - a\log\left|\dfrac{a + \sqrt{a^2 - y^2}}{y}\right| = \pm x + C$

(2) $(y^3 - Cx)(xy^3 - C) = 0$

9 (略)

第3章

■問　題■

1.1 (1) $y = \dfrac{a}{6}x^2 + C_1 x + C_2$　　(2) $y = e^x - e^{-x} + C_1 x + C_2$

(3) $y = (x-3)e^x + C_1 x^2 + C_2 x + C_3$　　(4) $y = \dfrac{1}{2}x^2 \log|x| + C_1 x^2 + C_2 x + C_3$

(5) $y = (x^2 - 6x + 12)e^x + C_1 x^2 + C_2 x + C_3$

1.2 (1) $y = C_2 e^x + C_2$　　(2) $y = \pm\dfrac{1}{15}(2x + C_1)^{5/2} + C_2 x + C_3$

(3) $y = -\log|\cos(x+C_1)| + C_2$ (4) $y = 2\tan^{-1}(C_1 e^x) + C_2$

2.1 (1) $y = C_1 e^{\sqrt{2}x} + C_2 e^{-\sqrt{2}x}$

(2) $y = -\log|x+C_1| + C_2$ （一般解），$y = C$ （特異解）

(3) $y = \cosh(x+C_1) + C_2$ (4) $(\sqrt{y}+C_1)(\sqrt{y}-2C_1)^2 = \dfrac{9}{4}(x+C_2)^2$

2.2 (1) $y = C_1 e^x + C_2 e^{-x} + C_3$ (2) $y = C_1 e^x + C_2 e^{-x} + \dfrac{3}{2}x^2 + C_3 x + C_4$

3.1 (1) $y = \dfrac{x^3}{9} + C_1 \log|x| + C_2$ (2) $y = \dfrac{1}{3}x^2 + \dfrac{C_1}{x} + C_2$

(3) $y = C_1 x^3 - \dfrac{1}{2}x^2 + C_2$ (4) $y = \dfrac{C_1^2+1}{C_1^2}\log(C_1 x + 1) - \dfrac{x}{C_1} + C_2$

(5) $y = x^3 - 2x^2 + 4x - \dfrac{C_1}{x+2} + C_2$ (6) $y = \dfrac{1}{2}x^2 + C_1\sqrt{x^2-1} + C_2$

3.2 (1) $(y-C)(C_1 y + \log|y| - x - C_2) = 0$ (2) $(x+C_2)^2 + y^2 = C_1^2$

(3) $(y+1)^2 = C_1 x + C_2$

4.1 (1) $y = \exp(x^2 + C_1 x + C_2)$ (2) $y = \exp(x^3 + C_1 x + C_2)$

(3) $y = C_1\sqrt{x^4 + C_2}$

5.1 (1) $y = C_2 e^{C_1 t} = C_2 x^{C_1}$

(2) $y = C_1 e^t + C_2 t + C_3 = C_1 x + C_2 \log x + C_3$

(3) $y = C_1 + C_2 e^{2t} - \dfrac{t}{2} = C_1 + C_2 x^2 - \dfrac{1}{2}\log x$

■演習問題■

1 省略

2 (1) $y = x\left(\log\left|\dfrac{C_1 x}{C_1 x - 1}\right| + C_2\right)$

(2) $y = C_1 \sin(t + C_2') = C_1 \sin(\log x + C_2') = C_1 \sin(\log x) + C_2 \cos(\log x)$

(3) $y = x\left(C_2 \pm C_1 \tan^{-1}\sqrt{C_1^2 x^2 - 1}\right)$

第4章

■問 題■

1.1, 1.2, 2.1, 2.2 省略

5.1 (1) $y = C_1 e^{2x} + C_2 e^{-2x} + C_3 e^{-3x} - \dfrac{1}{500}(4\sin 4x + 3\cos 4x)$

(2) $y = C_1 \cos x + C_2 \sin x + C_3 \cos 2x + C_4 \sin 2x + \dfrac{1}{40}\sin 3x$

(3) $y = (C_1 + C_2 x) \cos x + (C_3 + C_4 x) \sin x - \dfrac{1}{4}(x \cos x + x^2 \sin x)$

6.1 (1) $y = C_1 x^2 + C_2 x - C_1$ (2) $y = C_1 \sqrt{x} + \dfrac{C_2}{\sqrt{x}}$

(3) $y = C_1 e^x + C_2 x + x^2 + 1$ (4) $y = x^3 \log x + x^2 + C_1 x^3 + C_2 x$

6.2 (1) $y = C_1 e^x + C_2(1+x)$ (2) $y = C_1(x^3 + 3x^2 + 6x + 6) + \dfrac{1}{4}x^4 e^x + C_2 e^x$

6.3 $y = \cos x \left\{ C_1 \log \left(\dfrac{1}{\cos x} + \tan x \right) + C_2 \right\}$

7.1 (1) $y = (C_1 + C_2 x)e^x - e^x \sin x$

(2) $y = C_1 \cos x + C_2 \sin x - \cos x \log \left| \dfrac{1}{\cos x} + \tan x \right|$

(3) $y = C_1 x^2 + \dfrac{C_2}{x^2} + \dfrac{x^3}{5}$ (4) $y = C_1 x^3 + C_2 x + x^2 + x^3 \log x$

■演習問題■

1 (1) $y = C_1 e^x + C_2 e^{-x} + C_3 e^{-2x} + \dfrac{1}{12} e^{2x}$

(2) $y = (C_1 + C_2 x + C_3 x^2)e^x + \dfrac{1}{6} x^3 e^x$

(3) $y = C_1 e^{2x} + C_2 e^{-2x} + C_3 e^{-3x} + \dfrac{1}{168} e^{5x}$

(4) $y = C_1 e^x + C_2 e^{2x} + C_3 e^{3x} + \dfrac{1}{6} e^{4x}$

(5) $y = C_1 e^{-2x} + C_2 e^{-3x} + \dfrac{1}{56} e^{5x} + \dfrac{1}{2} e^{-x}$

(6) $y = C_1 e^{2x} + C_2 e^{-2x} + \dfrac{3}{4} x e^{2x} - \dfrac{4}{3} e^{-x}$

2 (1) $y = C e^x - (x^3 + 3x^2 + 8x + 8)$

(2) $y = C_1 + C_2 e^{2x} + C_3 e^{-2x} - \dfrac{1}{16}(5x^4 + 15x^2 + 8x)$

(3) $y = C_1 e^x + C_2 e^{(3+\sqrt{15})x} + C_3 e^{(3-\sqrt{15})x} + \dfrac{1}{6} x^2 + \dfrac{7}{18}$

(4) $y = C_1 + C_2 e^{-x} + C_3 e^{-3x} + \dfrac{1}{12} x^4 - \dfrac{4}{9} x^3 + \dfrac{13}{9} x^2 - \dfrac{80}{27} x$

(5) $y = C_1 e^x + C_2 e^x \cos x + C_3 e^x \sin x + x e^x - \dfrac{1}{2} x^2 - 2x - \dfrac{5}{2}$

(6) $y = C_1 + C_2 e^{\sqrt{2}x} + C_3 e^{-\sqrt{2}x} + \dfrac{1}{4}(e^{2x} + x^2)$

(7) $y = C_1 + C_2 x + C_3 x^2 + (C_4 + C_5 x)e^x + \dfrac{1}{60} x^5 + \dfrac{1}{6} x^4 + x^3 + \dfrac{1}{8} e^{2x}$

問題解答　　　　　　　　　　　　　　　　　　173

3 (1) $y = (C_1 + C_2 x)e^x + \dfrac{1}{20}x^5 e^x$

(2) $y = (C_1 + C_2 x)e^x + C_3 e^{-x} + \left(\dfrac{1}{3}x - \dfrac{7}{9}\right)e^{2x}$

(3) $y = (C_1 + C_2 x + C_3 x^2)e^{2x} + \dfrac{1}{60}x^5 e^{2x}$

(4) $y = (C_1 + C_2 x + C_3 x^2)e^{-x} - (x^2 + 6x + 12)e^{-2x}$

4 (1) $y = C_1 e^x + (C_2 + C_3 x)e^{-x} + \dfrac{1}{50}\cos 2x + \dfrac{1}{25}\sin 2x - \dfrac{1}{2}$

(2) $y = C_1 e^x + C_2 e^{2x} - xe^x + \dfrac{1}{10}\cos x - \dfrac{3}{10}\sin x$

(3) $y = C_1 e^{-2x} + C_2 e^x \cos x + C_3 e^x \sin x + \dfrac{1}{20}xe^x(3\sin x - \cos x)$

(4) $y = C_1 e^x + C_2 e^{2x} + \dfrac{1}{10}e^{4x}(\sin x - \cos x)$

(5) $y = C_1 e^x + C_2 e^{3x} - \dfrac{1}{8}e^x(\cos 2x + \sin 2x) - \dfrac{1}{425}(13\cos 4x + 16\sin 4x)$

(6) $y = C_1 + C_2 e^x + C_3 e^{-x} + e^x\left(\dfrac{1}{6}x^3 - \dfrac{3}{4}x^2 + \dfrac{7}{4}x + \dfrac{3}{10}\cos s - \dfrac{1}{10}\sin x\right)$

5 (1) $y = C_1 \cos x + C_2 \sin x$　　(2) $y = C_1(x-1) + C_2(x^2 - x + 1)$

6 (1) $y = C_1 \cos x + C_2 \sin x + \dfrac{1}{8}\sin 3x + \dfrac{1}{2}x\sin x$

(2) $y = C_1 e^{-x} + C_2 e^{-2x} + e^{2x}\left(\dfrac{1}{12}x - \dfrac{7}{144}\right)$

(3) $y = C_1 x^2 + \dfrac{C_2}{x} + \dfrac{2}{3}x^2 \log x$

(4) $y = \dfrac{C_1}{x} + \dfrac{C_2}{x^2} + \dfrac{e^x}{x^2}$

7 省略　（「演習微分方程式」p.66 の例題 11 参照）

8 (1) $y = (C_1 + C_2 \log x)x + \dfrac{1}{2}x(\log x)^2$

(2) $y = \dfrac{C_1}{x} + \dfrac{C_2}{x^2} + C_3 \dfrac{e^x}{x^2}$　　(3) $y = \dfrac{C_1}{x} + \dfrac{C_2}{x^2} + \dfrac{\log x}{x}$

(4) $y = C_1 x + C_2 x^3 + x^2 + x^3 \log x$　　(5) $y = C_1 x + C_2 x \log x + 2\log x + 4$

(6) $y = C_1 \cos(\log x) + C_2 \sin(\log x) + \log x$

第 5 章

■問　題■

1.1 (1) $y = (1+x)(c_0 + x - \log(1+x))$

(2) $y = c_0 e^{-x^2} + \sum_{n=0}^{\infty} \dfrac{(-1)^n 2^n}{1 \cdot 3 \cdots (2n+1)} x^{2n+1}$

1.2 $y = c_0 + (1+c_0)(x-1) + \sum_{n=2}^{\infty} \dfrac{(-1)^n}{n(n-1)}(x-1)^n = c_0 x + x \log x$ (「演習と応用微分方程式」p.73 の問題 1.3 の解答を参照.)

2.1 (1) $y = c_0 x^{1/2} \sum_{n=0}^{\infty} \dfrac{2^n}{1 \cdot 3 \cdots (2n+1)} x^n + d_0 e^x$

(2) $y = \dfrac{1}{x}(C_1 \cos x + C_2 \sin x)$

(3) $y = C_1 \sum_{n=0}^{\infty} \dfrac{(-1)^n}{n!(n+1)!} x^{n+1}$
$+ C_2 \left\{ \log x \sum_{n=0}^{\infty} x^{n+1} n!(n+1)! - \left(1 + x - \dfrac{5}{4}x^2 + \dfrac{5}{18}x^3 - \cdots\right) \right\}$

(4) $y = C_1 \dfrac{e^{-x}}{x} + C_2 \dfrac{1-x}{x}$ (5) $y = \dfrac{C_1}{x^3} + C_2 x$

(6) $y = x^4 e^x \left(\int x^{-4} e^{-x} dx + C_2 \right)$

3.1 $P_0(x) = 1$, $P_1(x) = x$, $P_2(x) = \dfrac{3}{2}x^2 - \dfrac{1}{2}$, $P_3(x) = \dfrac{5}{2}x^3 - \dfrac{3}{2}x$,
$P_4(x) = \dfrac{35}{8}x^4 - \dfrac{15}{4}x^2 + \dfrac{3}{8}$, $P_5(x) = \dfrac{63}{8}x^5 - \dfrac{35}{4}x^3 + \dfrac{15}{8}x \cdots$

3.2, 3.3 省略

4.1 (1) $J_0 = x^2 \left(\dfrac{1}{2^2 \cdot 2!} - \dfrac{1}{2^4 \cdot 3!} x^2 + \cdots + \dfrac{(-1)^m}{2^{2+2m} \cdot m! \cdot (m+2)!} x^{2m} + \cdots \right)$

(2) $J_0 = x^2 \left(\dfrac{1}{2^{1/2} \Gamma\left(\dfrac{3}{2}\right)} - \dfrac{1}{2^{5/2} \Gamma\left(\dfrac{5}{2}\right)} x^2 + \cdots + \dfrac{(-1)^m}{2^{2+2m} \cdot m! \cdot (m+2)!} x^{2m} + \cdots \right)$

4.2 $Y_\alpha(x) = -\dfrac{1}{2}\left(\dfrac{x}{2}\right)^{-\alpha} \sum_{k=0}^{\alpha-1} \dfrac{(\alpha-k-1)!}{k!} \left(\dfrac{x}{2}\right)^{2k} - \dfrac{1}{2\alpha!}\left(1 + \dfrac{1}{2} + \cdots + \dfrac{1}{\alpha}\right)\left(\dfrac{x}{2}\right)^{\alpha}$
$- \dfrac{1}{2}\left(\dfrac{x}{2}\right)^\alpha \sum_{n=1}^{\infty} \dfrac{(-1)^n}{n!(n+\alpha)!} \left\{ \left(1 + \dfrac{1}{2} + \cdots + \dfrac{1}{n}\right) + \left(1 + \dfrac{1}{2} + \cdots + \dfrac{1}{n+\alpha}\right) \right\} \left(\dfrac{x}{2}\right)^{2n}$

■演習問題■

1 (1) $y = Ce^{x^2} - \dfrac{1}{2}$ (2) $y = \sum_{n=0}^{\infty} \dfrac{(-1)^n n!}{1 \cdot 3 \cdots (2n+1)} x^n$

(3) $y = C_0 \sum_{n=0}^{\infty} x^{2n}(2n)! + C_1 \sum_{n=0}^{\infty} x^{2n+1}(2n+1)! = C_0 \cosh x + C_1 \sinh x$

問 題 解 答   175

(4) $y = c_0 e^{-x^2/2} + c_1 \sum_{n=0}^{\infty} \dfrac{(-1)^n}{1 \cdot 3 \cdots (2n+1)} x^{2n+1}$

(5) $y = c_0(1-x^2) + c_1 \left(x - \sum_{n=1}^{\infty} \dfrac{1 \cdot 3 \cdots (2n-3)}{(2n+1)!} x^{2n+1} \right)$

(6) $y = c_0 \left(1 + \sum_{n=1}^{\infty} \dfrac{x^{3n}}{2 \cdot 3 \cdot 5 \cdot 6 \cdots (3n-1)3n} \right) + c_1 \left(x + \sum_{n=1}^{\infty} \dfrac{x^{3n+1}}{3 \cdot 4 \cdot 6 \cdot 7 \cdots 3n(3n+1)} \right)$

(7) $y = c_0 \left(1 + \sum_{n=1}^{\infty} \dfrac{(-1)^n x^{4n}}{3 \cdot 4 \cdot 7 \cdot 8 \cdots (4n-1)4n} \right) + c_1 \left(x + \sum_{n=1}^{\infty} \dfrac{(-1)^n x^{4n+1}}{4 \cdot 5 \cdot 8 \cdot 9 \cdots 4n(4n+1)} \right)$

(8) $y = c_0 \sum_{n=0}^{\infty} (-1)^n \dfrac{2^n n!}{(2n)!} x^{2n} + d_0 \sum_{n=0}^{\infty} (-1)^{n+1} \dfrac{x^{2n+1}}{2^n \cdot n!} + \dfrac{x}{3}$

2 (1) $y = 3e^x - x - 2$ (2) $y = \dfrac{1}{1-x}$

3 省略

第 6 章

■問 題■

1.1 省略

1.2 (1) $dU = yz\,dx + xz\,dy + xy\,dz$

(2) $dU = (y+z)dx + (z+x)dy + (x+y)dz$ (3) $dU = dx + dy + dz$

2.1 (1) $\log x + \dfrac{y}{x} + y^2 + z^2 = C$ (2) $(xy^2 + yz^2)z^2 = C$

(3) $e^x y + e^y z + e^x z = C e^z$

3.1 (1) $z = (C-x)y$ (2) $\dfrac{x}{y+C} + y + z = 0$

4.1 (1) $\begin{cases} z + \log x = C_1 \\ \dfrac{x^2}{2} + xy = C_2 \end{cases}$ (2) $yz + C_1 \left(\dfrac{1}{y} + \dfrac{1}{z} \right) = C_2$

(3) $\begin{cases} x^2 + y^2 = C_1 \\ 3x + 2y + z = C_2 \end{cases}$

■演 習 問 題■

1 (1) $xy + x + 2y = Cz$ (2) $\dfrac{y}{x} = \tan \dfrac{C}{z}$

2 (1) $xyz = C$ (2) $y = Ce^{x/z}$ (3) $xy = C(y^2 + z^2)$

(4) $y(x+z) = C(x+y)$

3 (1) $\begin{cases} (x+y)e^z = C_1 \\ z(x+y) = C_2 \end{cases}$ (2) $\begin{cases} xy+yz+zx = C_1 \\ x^2+y^2+2xz = C_2 \end{cases}$

4 (1) $\begin{cases} 2x-y^2+z^2 = C_1 \\ x(y^2+z^2) = C_2 \end{cases}$ (2) $\begin{cases} x^2-y^2 = C_1 \\ x^2-z^2 = C_2 \end{cases}$

(3) $\begin{cases} 2x-3y-4z = C_1 \\ x^2-y^2-z^2 = C_2 \end{cases}$ (4) $\begin{cases} x+y-z = C_1 \\ (z-y)(z-x) = C_2 \end{cases}$

(5) $\begin{cases} x^3+y^3+z^3 = C_1 \\ xyz = C_2 \end{cases}$ (6) $\begin{cases} x+2y+2z = C_1 \\ x(y^2+z^2) = C_2 \end{cases}$

第 7 章

ここでは a, b, c は任意定数,$\phi(u)$ および $\psi(u)$ は 1 変数の,$f(u,v)$ は 2 変数のそれぞれ任意関数を表すものとする.

■問 題■

2.1 (1) 完全解は $z = ax + \dfrac{a}{a-1}y + c$,一般解は $z = ax + \dfrac{a}{a-1}y + \psi(a)$ と $x - \dfrac{1}{(a-1)^2}y + \psi'(a) = 0$ から a を消去したもの.

(2) 完全解は $z = ax + ay + c$,一般解は $z = ax + ay + \psi(a)$ と $x + y + \psi'(a) = 0$ から a を消去したもの.

(3) 完全解は $z = a\log x + a^2 y + c$,一般解は $z = a\log x + a^2 y + \psi(a)$ と $\log x - 2ay + \psi'(a) = 0$ から a を消去したもの.

(4) 完全解は $z = a\log x + a^2 \log y + c$,一般解は $z = a\log x + a^2 \log y + \psi(a)$ と $\log x + 2a\log y + \psi'(a) = 0$ から a を消去したもの.

(5) 完全解は $\log z = ax + a^2 y + c$,一般解は $\log z = ax + a^2 y + \psi(a)$ と $x + 2ay + \psi'(a) = 0$ から a を消去したもの.

(6) 完全解は $\log z = a\log x + a^2 \log y + c$,一般解は $\log z = a\log x + a^2 \log y + \psi(a)$ と $\log x + 2a\log y + \psi'(a) = 0$ から a を消去したもの.

(7) 完全解は $\log z = \cos a \log x + \sin a \log y + c$,一般解は $\log z = \cos a \log x + \sin a \log y + \psi(a)$ と $-\sin a \log x + \cos a \log y + \psi'(a) = 0$ から a を消去したもの.

3.1 (1) 完全解は $z = \dfrac{1}{2}x^2 + ax - \dfrac{1}{2}y^2 + ay + b$,一般解は $z = \dfrac{1}{2}x^2 + ax - $

$\frac{1}{2}y^2 + ay + \psi(a)$ と $x + y + \psi'(a) = 0$ から a を消去したもの.

(2) 完全解は $z = \frac{1}{3}(x+a)^3 + a^2 y + b$, 一般解は $z = \frac{1}{3}(x+a)^3 + a^2 y + \psi(a)$ と $(x+a)^2 + 2ay + \psi'(a) = 0$ から a を消去したもの.

(3) 完全解は $z = a^n y^2 - y + ax + b$, 一般解は $z = a^n y^2 - y + ax + \psi(a)$ と $na^{n-1}y^2 + x + \psi'(a) = 0$ から a を消去したもの.

4.1 (1) 完全解は $x + ay + b = \frac{1}{3}(1+a^3)^{1/3}\log z$, 一般解は $x + ay + \psi(a) = \frac{1}{3}(1+a^3)^{1/3}\log z$ と $y + \psi'(a) = \frac{1}{3}a^2(1+a^3)^{-2/3}\log z$ から a を消去したもの, さらに $z = 1$ という特異解がある.

(2) 完全解は $4(1+a^2)z = (\log x + a\log y + b)^2$, 一般解は $4(1+a^2)z = (\log x + a\log y + \psi(a))^2$ と $8az = 2\log y(\log x + a\log y + \psi'(a))$ から a を消去したもの.

5.1 (1) 完全解は $z = -\frac{1}{4}x^2 \pm \frac{1}{4}\{x\sqrt{x^2+4a} + 4a\log(x+\sqrt{x^2+4a})\} + ay + b$, 一般解は $z = \pm\left\{\frac{x}{2\sqrt{x^2+4a}} + \log(x+\sqrt{x^2+4a}) + \frac{2a}{x\sqrt{x^2+4a}+x^2+4a}\right\} + y + \psi'(a)$ と $z = -\frac{1}{4}x^2 \pm \frac{1}{4}\{x\sqrt{x^2+4a} + 4a\log(x+\sqrt{x^2+4a})\} + ay + \psi(a)$ から a を消去したもの.

(2) 完全解は $z = \frac{1}{2}x^2 + ax - \frac{1}{2}y^2 + ay + b$, 一般解は $z = \frac{1}{2}x^2 + ax - \frac{1}{2}y^2 + y + \psi'(a)$ と $x + y + \psi'(a) = 0$ から a を消去したもの.

(3) 完全解は $z = \pm\frac{2}{3}(a+x)^{3/2} \pm \frac{2}{3}(a+y)^{3/2} + b$, 一般解は $z = \pm\frac{2}{3}(a+x)^{3/2} \pm \frac{2}{3}(a+y)^{3/2} + \psi(a)$ と $\pm\sqrt{a+x} \pm \sqrt{a+y} + \psi'(a) = 0$ から a を消去したもの.

(4) 完全解は $z = \pm\frac{2}{3}(a+x)^{3/2} + ay + y^3 + b$, 一般解は $z = \pm\frac{2}{3}(a+x)^{3/2} + ay + y^3 + \psi(a)$ と $\pm\sqrt{a+x} + y + \psi'(a) = 0$ から a を消去したもの.

(5) 完全解は $z = \frac{1}{a}\sin x + ay + \sin y + b$, 一般解は $z = \pm\frac{2}{3}(a+x)^{3/2} + ay + y^3 + \psi(a)$ と $-\frac{1}{a^2}\sin x + y + \psi'(a) = 0$ から a を消去したもの.

(6) 完全解は $z = ax + \frac{x^3}{3} + ay - \frac{y^3}{3} + b$, 一般解は $z = ax + \frac{x^3}{3} + ay - \frac{y^3}{3} + \psi(a)$ と $x + y + \psi'(a) = 0$ から a を消去したもの.

6.1 (1) 完全解は $z = ax + by + ab$, 一般解は $z = ax + \psi(a)y + a\psi(a)$ と $x + \psi'(a)y + \psi(a) + a\psi'(a) = 0$ から a を消去したもの. さらに $z = -xy$ という特異解がある.

(2) 完全解は $z = ax + by + \sqrt{a^2 + b^2 + 1}$, 一般解は $z = ax + y\psi(a) + \sqrt{a^2 + \psi(a)^2 + 1}$ と $z = x + \psi'(a)y + \dfrac{a + \psi(a)\psi'(a)}{\sqrt{a^2 + \psi(a)^2 + 1}}$ から a を消去したもの. さらに $x^2 + y^2 + z^2 = 1$ という特異解がある.

(3) 完全解は $z = ax + by + a^2b^2$, 一般解は $z = ax + y\psi(a)y + a^2\psi(a)^2$ と $z = x + \psi'(a)y + 2a\psi(a)^2 + 2a^2\psi(a)\psi'(a)$ から a を消去したもの. さらに $9x^2y^2 + 2z^3 = 0$ という特異解がある.

7.1 (1) $f\left(y^2 - z^2, \dfrac{x+y+z}{x}\right) = 0$ (2) $f(x+y+z, xyz) = 0$

(3) $f\left(x^2 - y^2, \dfrac{z}{y}\right) = 0$ (4) $f\left\{\dfrac{x-y}{y-z}, (x-y)^2(x+y+z)\right\} = 0$

8.1 (1) $z = x^2y + \dfrac{3}{2}xy^2 + \phi(x) + \psi(y)$ (ϕ は導関数を持つ)

(2) $z = \dfrac{1}{4}xy^2 + \phi(x)\log y + \psi(x)$

9.1 (1) $z = \displaystyle\int e^{-y}\phi(x-y)dy + \psi(y)$ (2) $z = \dfrac{1}{2}x^2\phi(y) + \psi(y)$

(3) $z = \phi(x)e^{xy} + \psi(x)ye^{xy} + \dfrac{1}{x^2}$

10.1 (1) $z = \phi(x+y) + x\psi(x+y) + \dfrac{1}{4}(x+1)e^{3x+5y}$

(2) $z = \phi(x+y) + e^{-4x}\psi(3x+y) - \dfrac{1}{8}\cos(3x+y)$

■演習問題■

1 (1) $f\left(\dfrac{\sin y}{\sin x}, \dfrac{\sin z}{\sin x}\right) = 0$ (2) $f(xy, y^3 - 3xyz) = 0$

2 (1) $z = \dfrac{1}{4}xy^2 + \phi(x)\log y + \psi(x)$

(2) $z = y^2\log x + y\displaystyle\int \phi(x)dx + \psi(x)$

(3) $z = x^3y^2 + \phi\left(\dfrac{y}{x}\right) + \psi(x)$ (4) $z = \phi(x)e^{y/x} + \psi(x)e^{y-y/x} - x^3y^2$

3 (1) $z = \phi(3x+y) + x\psi(3x+y) + 3x^3y + \dfrac{13}{2}x^4$

(2) $z = \phi(2x+y) + \psi(3x+y) - \dfrac{1}{2}x^3 - \dfrac{1}{2}x^2y$

(3) $z = \phi(x+y) + x\psi(x+y) + \dfrac{1}{2}x^2(x+y)$

(4) $z = \phi(-2x+y) + \psi(2x+y) - \dfrac{1}{4}x\cos(y+2x) + \dfrac{1}{16}\sin(y+2x)$

(5) $z = e^{-x}\phi(y) + e^x\psi(-x+y) + \dfrac{1}{4}e^{3x-y}$

(6) $z = e^{2x}\{\phi(x+y) + x\psi(x+y)\}$

(7) $z = e^x\phi(y) + e^x\psi(x+y) + \dfrac{1}{2}\{\sin(x+y) + \cos(x+y)\}$

第 8 章

■問 題■

1.1 (1) $e^x = \dfrac{e^\pi - e^{-\pi}}{\pi}\left(\dfrac{1}{2} + \sum_{n=1}^{\infty}\dfrac{(-1)^n}{1+n^2}(\cos nx - n\sin nx)\right)$

(2) $f(x) = \dfrac{1}{4} - \dfrac{2}{\pi}\left(\cos\pi x + \dfrac{\cos 3\pi x}{3^2} + \cdots + \dfrac{\cos(2n-1)\pi x}{(2n-1)^2} + \cdots\right)$
$+ \dfrac{1}{\pi}\left(\sin\pi x - \dfrac{\sin 2\pi x}{2} + \cdots + (-1)^n\dfrac{\cos n\pi x}{n} + \cdots\right)$

(3) $x^2 + x = \dfrac{1}{3} + \dfrac{2}{\pi}\sum_{n=1}^{\infty}(-1)^n\left(\dfrac{2}{\pi n^2}\cos n\pi x - \dfrac{1}{n}\sin n\pi x\right)$

(4) $x^2 = \dfrac{\pi^2}{3} + \sum_{n=1}^{\infty}(-1)^n\dfrac{1}{n^2}\cos nx$ (5) $x = \sum_{n=1}^{\infty}(-1)^{n-1}\dfrac{2}{n}\sin nx$

(6) $|x| = \dfrac{\pi}{2} - \dfrac{4}{\pi}\sum_{n=1}^{\infty}\dfrac{1}{(2n-1)^2}\cos(2n-1)x$

2.1 $\dfrac{\pi}{2}$

3.1 (1) $u_n(x,t) = \sin\dfrac{n\pi x}{l}\left(C_n\cos\dfrac{n\pi c x}{l} + D_n\sin\dfrac{n\pi c x}{l}\right)$ $(n = 1, 2, \ldots)$

(2) $u_n(x,y) = C_n\sin\dfrac{n\pi x}{a}\sinh\dfrac{n\pi(b-y)}{a}$ $(n = 1, 2, \ldots)$

(3) $u(x,t) = \exp\{-k^2\alpha^2 t(A\cos\alpha x + B\sin\alpha x)\}$ (α はある適当な定数, $n = 1, 2, \ldots$)

5.1 $u(x,t) = \dfrac{x(l^2-x^2)}{6a^2} + \dfrac{2l^3}{a^2\pi^3}\sum_{n=1}^{\infty}\dfrac{(-1)^n}{n^3}\cos\dfrac{n\pi x}{l}\sin\dfrac{n\pi x}{l}$

7.1 $u(x,t) = \dfrac{4}{\pi}\sum_{n=1}^{\infty}\dfrac{1}{n}\sin^2\dfrac{n\pi}{4}\exp\left(-\dfrac{k^2n^2\pi^2 t}{c^2}\right)\sin\dfrac{n\pi x}{c}$

8.1 $u(x,t) = \dfrac{1}{\sqrt{\pi}} \displaystyle\int_{-(1+x)/2k\sqrt{t}}^{1-x/2k\sqrt{t}} e^{-\xi^2} d\xi$

$= \dfrac{1}{\sqrt{\pi}} \left(\displaystyle\int_{0}^{(1-x)/2k\sqrt{t}} e^{-\xi^2} d\xi + \displaystyle\int_{0}^{(1+x)/2k\sqrt{t}} e^{-\xi^2} d\xi \right)$

$= \dfrac{1}{2} \left(\mathrm{erf}\dfrac{1-x}{2k\sqrt{t}} + \mathrm{erf}\dfrac{1+x}{2k\sqrt{t}} \right)$

9.1 $u(x,y) = \dfrac{\sin\frac{\pi x}{a} \sinh \pi(b-y)a}{\sinh\frac{\pi b}{a}}$

■演習問題■

1 省略

2 $u(x,t) = \dfrac{8}{\pi^2} \displaystyle\sum_{n=1}^{\infty} \dfrac{(-1)^n}{(2n-1)^2} \cos\dfrac{(2n-1)\pi x}{2} \cos\dfrac{c(2n-1)\pi t}{2}$

3 $u(x,t) = \dfrac{A}{\pi}x + \dfrac{2}{\pi} \displaystyle\sum_{n=1}^{\infty} e^{c^2 n^2 t} \sin nx \displaystyle\int_0^\pi \left(f(\lambda) - \dfrac{A}{\pi}\lambda \right) \sin n\lambda\, d\lambda$

4 $u(x,t) = \dfrac{1}{\pi} \displaystyle\int_0^\pi f(\lambda) d\lambda + \dfrac{2}{\pi} \displaystyle\sum_{n=1}^{\infty} \exp(-k^2 n^2 t) \cos nx \displaystyle\int_0^\pi f(\lambda) \cos n\lambda\, d\lambda$

第9章

■問 題■

1.1 p.149 の表を参照.

2.1 (1) $e^{x/2} - \cos 2x + 2\sin 2x$ (2) $-H(x) - 2x + e^{2x}\cos x$

3.1 (1) $y = \dfrac{1}{5}\left(e^{-x} - e^{-2x}\cos 3x + \dfrac{4}{3}e^{-2x}\sin 3x \right)$

(2) $y = \dfrac{1}{5}H(x) - \dfrac{6}{5}e^{-x}\cos 2x - \dfrac{3}{5}e^{-x}\sin 2x$

3.2 $y = e^{-(x-2)}\sin(x-2)H(x-2) - 2e^{-x}(\cos x - \sin x)$

■演習問題■

1 (1) $x = A\left\{ \dfrac{x}{l} + \dfrac{2}{\pi} \displaystyle\sum_{n=1}^{\infty} \dfrac{(-1)^n}{n} \exp\left(-\dfrac{kn^2\pi^2 t}{l^2} \right) \sin\dfrac{n\pi x}{l} \right\}$

(2) $u(x,t) = \mathrm{Erfc}\left(\dfrac{x}{2\sqrt{t}}\right) + \displaystyle\sum_{n=1}^{\infty} \left\{ \mathrm{Erfc}\left(\dfrac{2ln+x}{2\sqrt{t}}\right) - \mathrm{Erfc}\left(\dfrac{2ln-t}{2\sqrt{t}}\right) \right\}$

(3) $u(x,t) = \mathrm{Erfc}\left(\dfrac{x}{2\sqrt{t}}\right)$

(4) $u(x,t) = \displaystyle\sum_{n=-\infty}^{\infty} \psi(2ln+x,t),\quad \psi(x,t) = \dfrac{x}{2\sqrt{\pi}t^{3/2}} \exp\left(-\dfrac{x^2}{4t} \right)$

(5) $u(x,t) = \dfrac{x}{2\sqrt{\pi}t^{3/2}}\exp\left(-\dfrac{x^2}{4t}\right)$

(6) $u(x,t) = \text{Erfc}\left\{\dfrac{c+x}{2\sqrt{kt}} - \text{Erfc}\left(\dfrac{c-x}{2\sqrt{kt}}\right)\right\}$

(7) $u(x,t) = A\left\{2\sqrt{\dfrac{kt}{\pi}}\exp\left(-\dfrac{x^2}{4kt}\right) - x\,\text{Erfc}\left(\dfrac{x}{2\sqrt{t}}\right)\right\}$

(8) $u(x,t) = A\left[1 - \displaystyle\sum_{n=0}^{\infty}(-1)^n\left\{\text{Erfc}\left(\dfrac{(2n+1)l-x}{2\sqrt{t}}\right)\right.\right.$
$\left.\left. + \text{Erfc}\left(\dfrac{(2n+1)l+x}{2\sqrt{t}}\right)\right\}\right]$

(9) $u(x,t) = A\left(\dfrac{kxt}{l^3} + \dfrac{x^3-lx}{6l^3} + \dfrac{2}{\pi^3}\displaystyle\sum_{n=1}^{\infty}\dfrac{(-1)^{n-1}}{n^3}\exp\left(-\dfrac{kn^2\pi^2 t}{l^2}\right)\sin\dfrac{n\pi x}{l}\right)$

(10) $u(x,t) = \displaystyle\int_0^t f(t-\tau)\dfrac{x}{2\sqrt{\pi k\tau^3}}\exp\left(-\dfrac{h\tau+x^2}{4k\tau}\right)d\tau$
$= \dfrac{2}{\pi}\displaystyle\int_{\frac{x}{\sqrt{kt}}}^{\infty} f\left(t-\dfrac{x^2}{4k\lambda^2}\right)\exp\left(-\dfrac{\lambda^2+hx^2}{4k\lambda^2}\right)d\lambda$

2 (1) $u(x,t)$
$= A\left(\dfrac{x^3}{3a^2} - \dfrac{l^2 x}{a^2} + t^2 x + \dfrac{64l^3}{\pi^4 a^2}\displaystyle\sum_{n=1}^{\infty}\dfrac{(-1)^{n-1}}{(2n-1)^4}\sin\dfrac{2n-1}{2l}\pi x\cos\dfrac{2n-1}{2l}\pi a l\right)$

(2) $u(x,t) = \begin{cases} 0 & (at \le x) \\ a\displaystyle\int_0^{t-\frac{x}{a}} f(\tau)d\tau & (at > x) \end{cases}$

(3) $u(x,t) = \displaystyle\sum_{n=0}^{\frac{t-l+x}{2}}(-1)^n\left(\dfrac{1}{a}f(t-\{(2n+1)l-x\})\right)$
$+ \displaystyle\sum_{n=0}^{\frac{t-l-x}{2}}(-1)^n\left(\dfrac{1}{a}f(t-\{(2n+1)l-x\})\right)$

(ただし $t<0$ のとき $f(t)=0$ と定める)

(4) $u(x,t) = \dfrac{1}{2}\{f(x+at) + f(x-at)\}$

索　引

あ　行

一般解　4, 104
運動方程式　152–154
オイラーの微分方程式
　　　　　　　　　　80

か　行

解曲線　6
解析的　82
回路方程式　156, 158
角振動数　152
確定特異点　84
重ね合わせの原理　132
過制動　155
関数　2
完全解　104
完全微分方程式　36, 94
逆作用素　71
境界条件　4
境界値問題　130
極座標系　44
極接線影　44
曲線群　6
極法線影　44
曲面群　6
区分的になめらか　126
区分的に連続　126
クレローの微分方程式
　　　　　　　32, 114

決定方程式　85
減衰振動　155
弦の振動　132
高次（2次）方程式の解法
　の原理　28
コーシーの微分方程式
　　　　　　　　　　80

さ　行

作用素　71
従属変数　2
準線形微分方程式　116
定数変化法　12, 17, 76,
　　　　　　　　78, 109
常微分方程式　2
初期条件　4
正則点　82
積分因子　38, 94
積分可能　38, 94
積分曲線　6
接線影　42
接線の長さ　42
線形微分方程式　64
全微分　8
全微分可能　8
双曲型　132

た　行

代数方程式　2

楕円型　142
単振動　152
直交関数系　91
直交座標系　44
直交性　91
定数係数線形常微分方程式
　　　　　　　　　　150
電荷量　156
電気回路に関する問題に表
　れる常微分方程式
　　　　　　　　　　156
電流　156
等交曲線
　α ——　46
同次形
　x について r 次 ——
　　　　　　　　　　58
　x と y について r 次 ——
　　　　　　　　　　60
　y について r 次 ——
　　　　　　　　　　56
同次線形微分方程式　16
同次方程式　64
特異解　4, 11, 31, 64,
　104
特異点　82
特殊解　4, 74
特性方程式　66, 116
独立変数　2

な 行

任意関数　104
任意定数　4
熱伝導方程式　138, 160

は 行

媒介変数　112
波動方程式　132
微分演算子　70, 71
微分作用素　71
微分方程式　2
微分方程式の解　2
微分方程式の階数　2
微分方程式を解く　2
フーリエ逆変換　128
フーリエ級数　126
フーリエ係数　126
フーリエの重積分公式　128
フーリエ展開　126
フーリエ変換　128
ベッセルの微分方程式　90
ベッセル関数
　第1種 α 次——　90
　第2種 α 次——　91
ヘヴィサイドの関数　147, 148
ベルヌーイの微分方程式　20
変数　2
変数分離形　10
変数分離法　130
変数変換　106
偏微分方程式　2
偏微分方程式の解　2
偏微分方程式の階数　2
法線影　42

法線の長さ　42
放物型　138
母関数　89
ポテンシャル関数　36

や 行

余関数　64, 74, 78, 122

ら 行

ラプラス変換　146
力学に表れる常微分方程式　152
リッカティの微分方程式
　広義の——　22
　狭義の——　26
臨界制動　155
ルジャンドル多項式　89
ルジャンドルの微分方程式　88

監修者略歴

坂田　泩
（さかた　ひろし）

1957年　東北大学大学院理学研究科修士課程数学専攻修了
現　在　岡山大学名誉教授

著者略歴

曽布川　拓也
（そぶかわ　たくや）

1992年　慶應義塾大学大学院理工学研究科博士課程数理科学専攻修了
現　在　早稲田大学グローバルエデュケーションセンター教授

伊代野　淳
（いよの　あつし）

1988年　神戸大学大学院理学研究科修士課程物理学専攻修了
1991年　岡山理科大学大学院理学研究科博士課程システム科学専攻修了
現　在　岡山理科大学理学部教授

数学基礎コース＝C4

基本 微分方程式

2004年10月10日 © 　　初　版　発　行
2018年 4 月25日　　　　初版第5刷発行

監修者　坂田　　泩　　　発行者　森平　敏孝
著　者　曽布川　拓也　　印刷者　山岡　景仁
　　　　伊代野　淳　　　製本者　米良　孝司

発行所　株式会社　サイエンス社

〒151-0051　東京都渋谷区千駄ヶ谷1丁目3番25号
営業　☎(03)5474-8500（代）　振替 00170-7-2387
編集　☎(03)5474-8600（代）
FAX　☎(03)5474-8900

印刷　三美印刷　　　　　製本　ブックアート

《検印省略》

本書の内容を無断で複写複製することは，著作者および
出版者の権利を侵害することがありますので，その場合
にはあらかじめ小社あて許諾をお求め下さい．

ISBN4-7819-1075-0

PRINTED IN JAPAN

サイエンス社のホームページのご案内
http://www.saiensu.co.jp
ご意見・ご要望は
rikei@saiensu.co.jp まで．